重组鸡白细胞介素18的基因表达及其免疫原性研究

◎ 孔　娜　王新华　蒋培红　著

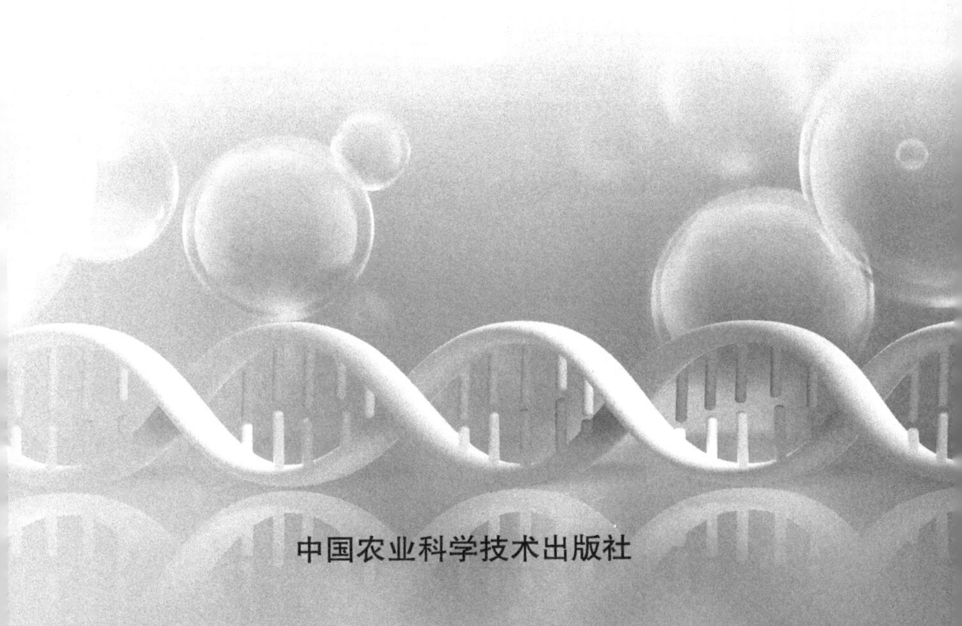

中国农业科学技术出版社

图书在版编目（CIP）数据

重组鸡白细胞介素18的基因表达及其免疫原性研究／孔娜，王新华，蒋培红著．—北京：中国农业科学技术出版社，2019.4

ISBN 978-7-5116-4124-3

Ⅰ．①重…　Ⅱ．①孔…②王…③蒋…　Ⅲ．①鸡-白细胞介素类-研究　Ⅳ．①S852.4

中国版本图书馆CIP数据核字（2019）第063005号

基金支持：pVP2-IL18重组双表达蛋白的免疫原性研究（XY16KJ07）；动物疫病防制研究所；病原微生物重点实验室；基础兽医重点学科。

责任编辑　闫庆健　王思文　马维玲
文字加工　李功伟
责任校对　李向荣

出 版 者　中国农业科学技术出版社
北京市中关村南大街12号　邮编：100081
电　　话　(010)82106632(编辑室)　(010)82109702(发行部)
(010)82109709(读者服务部)
传　　真　(010)82106650
网　　址　http://www.castp.cn
经 销 者　各地新华书店
印 刷 者　北京建宏印刷有限公司
开　　本　850mm×1 168mm　1/32
印　　张　5.875
字　　数　148千字
版　　次　2019年4月第1版　2019年4月第1次印刷
定　　价　20.00元

前言

白细胞介素 18（Interleukine-18，IL-18）是一种多效细胞因子，具有强烈的 IFN-γ 诱生能力，对机体起着重要的免疫调节和保护作用，在抗微生物感染、抗肿瘤免疫中具有应用潜力，因此 IL-18 可作为免疫佐剂与一些病原微生物的保护性基因共表达，从而加强疫苗的免疫效果或制备基因工程疫苗；由于鸡 IL-18（ChIL-18）基因发现较晚，而对人和哺乳动物 IL-18 的研究已有许多报道，且其具有与人和哺乳动物相似的生物学功能，因此 ChIL-18 在比较免疫学研究和禽病治疗中具有重要意义。pFastBac™ Dual 载体含有 PH 启动子和 p10 启动子，可以同时表达两个具有独立活性的外源蛋白。杆状病毒对脊椎动物无病原性，也不能在脊椎动物细胞内复制、表达，更不能把其基因整合到脊椎动物细胞染色体内，因此重组杆状病毒可以被认为遗传学上安全的表达载体。外源基因因插入多角体蛋白基因的座位引起后者的缺失或灭活，因此重组病毒不产生包涵体，这不仅为重组病毒选择提供了标记，而且重组不能像野生型病毒那样在环境中长期存在，所以更安全。故本研究直接将未纯化的双表达蛋白进行免疫原性研究。

传染性法氏囊病（Infectious bursal disease，IBD）是由 IBD 病毒（IBDV）感染雏鸡引起的以淋巴组织，特别是中枢免疫器官——法氏囊为主要特征的高度接触性传染病。该病主要导致机体免疫抑制，使机体的免疫能力降低和疫苗免疫接种失败。虽然灭活疫苗和减毒活疫苗是相当成熟的，但由于 IBDV 强毒株和抗

原变异的出现使其免疫效价降低。VP2 是 IBDV 的主要保护性抗原，已经鉴定的 IBDV 中和表位主要在 VP2 上，并且多为构象依赖性，这意味着 VP2 的立体结构对其中和表位的形成至关重要，与病毒中和抗体的诱导、抗原和毒力的变异以及细胞凋亡的诱导等有关。

禽流感（Avian influenza，AI）是由 AI 病毒（AIV）感染引起的一种高度接触性人畜共患传染病。HPAI 的暴发给养禽业带来了一定的经济损失，H5N1 亚型 AI 的出现不仅产生经济损失，还带来了恐慌。AIV 的主要抗原决定簇都位于 HA1 区域。体外表达 HA1 涵盖了所有的 HA 空间中和表位，故其完全可以替代 HA 作为抗原。所以 HA1 蛋白是研制基因工程亚单位苗的理想候选抗原。

本试验利用 Bac－to－Bac 杆状病毒表达系统，选用 pFastBac™ Dual 双表达载体，在昆虫细胞中共表达 mChIL-18 基因蛋白和 IBDV VP2 基因蛋白或 H5 型 AIV HA1 基因蛋白，并对未纯化蛋白生物学活性进行分析；进而研究未纯化蛋白免疫原性。为进一步研究 VP2 基因工程疫苗、HA1 基因工程疫苗的免疫效果以及 mChIL-18 在 IBD、AI 的免疫调节作用等相关研究奠定基础。

一、ChIL-18 原核表达蛋白复性研究

研究利用不同的复性方法辅助 rChIL-18 原核表达蛋白的复性，以提高鸡 IL-18 重组蛋白复性率，获得更多具有良好活性的蛋白。将重组原核表达质粒 pGEX-mChIL-18 转化宿主细胞大肠杆菌 BL21（DE3），并用 IPTG 于 37℃ 诱导培养获得表达。表达产物主要以包涵体的形式存在。包涵体经超声波破碎、洗涤后以 6mol/L 的盐酸胍溶解，使蛋白彻底变性，然后利用盐酸胍-去离子水透析法、盐酸胍-谷胱甘肽变性复性法和人工分子伴侣系统

法分别辅助蛋白复性。复性产物经透析纯化后，利用淋巴细胞增殖试验来检测其活性。经 SDS-PAGE 分析表明，表达产物是与 ChIL-18 重组蛋白相符的 Mr 约 44000 的蛋白条带。利用人工分子伴侣系统辅助复性的方法获得的复性率最高，复性率为 42.54%。鸡淋巴细胞增殖试验表明，表达产物对鸡淋巴细胞具有明显诱导增殖作用。上述试验显示，人工分子伴侣系统能够较好地辅助鸡 IL-18 重组蛋白复性，获得较高的复性率。其产物具有良好的生物学活性，为下一步鸡 IL-18 重组蛋白的应用研究奠定了试验基础。

将重组原核表达质粒 pGEX-mChIL-18 转化宿主细胞大肠杆菌 BL21（DE3），并用 IPTG 于 37℃诱导培养获得表达。表达的包涵体经超声波破碎、洗涤后以 6mol/L 的盐酸胍溶解，使蛋白彻底变性。然后按照试验设计，考察不同浓度组成的人工分子伴侣体系对不同浓度鸡 IL-18 重组蛋白复性率的影响。试验结果表明，利用人工分子伴侣系统辅助鸡 IL-18 重组蛋白的复性存在最佳的条件，优化该条件能够提高该融合蛋白的复性率，且产物都具有良好的生物学活性，为鸡 IL-18 重组蛋白的进一步应用研究奠定了试验基础。

二、鸡 IL-18 原核表达蛋白及真核表达质粒对 IBDV 灭活疫苗免疫增强作用的研究

本研究室在 2001 年开展鸡白细胞介素 18（ChIL-18）的研究，先后构建 ChIL-18 的重组质粒和原核表达系统、真核质粒及其表达系统，在此基础上，对纯化后的原核表达的重组鸡白细胞介素 18 产物进行生物学活性检测，对其在生产中的应用做了初步研究，同时对影响 ChIL-18 原核表达产物生物学活性的因素也进行了探讨。将鸡 IL-18 原核表达蛋白的复性产物和真核表达质粒 pcDNA3. 1TOPO-mChlL18 分别与 IBDV 灭活疫苗联合应

用，通过中和抗体检测和 T 淋巴细胞对 ConA 增殖反应试验，研究其对 IBDV 灭活疫苗的免疫增强作用。结果显示，在接种后第 21、28、35 及 42 天时蛋白组和质粒组与单纯疫苗组抗体水平差异显著（$P<0.05$），且蛋白组比质粒组效果更明显一些；其 T 淋巴细胞的增殖反应也强于单纯疫苗组，尤其是在免疫 14 天后增殖效果明显高于单纯疫苗组（$P<0.05$）。接种 42d 后进行攻毒保护性试验，结果表明：同时接种鸡 IL-18 原核表达蛋白复性产物和真核表达质粒的试验组鸡获得 93.3%的保护率，而单纯疫苗接种组的保护率为 73.3%。鸡 IL-18 的原核表达蛋白和真核表达质粒均具有明显的增强 IBD 灭活疫苗免疫效果的作用。

三、mChIL-18 与 VP2 或 HA1 在杆状病毒表达载体中的共表达

分别以 pMD18-T-VP2、pMD18-T-HA1 和 pMD18-T-mChIL18 质粒为模板，以杆状病毒 pFastBac™ Dual 为载体，将 mChIL18 基因与 VP2 基因或 HA1 基因分别插入到载体的 PH 启动子和 P10 启动子的下游，构建重组转移载体质粒 pF-IL18、pF-VP2、pF-IL18-VP2、pF-HA1、pF-IL18-HA1。将其转化 DH10Bac 感受态细胞，经三重抗性（含卡那霉素、庆大霉素和四环素）与蓝白斑筛选，用小量法提取重组杆状病毒质粒 rBac-IL18、rBac-VP2、rBac-IL18-VP2、rBac-HA1、rBac-IL18-HA1，通过一对通用引物 M13（Bacmid 含有该引物 Forward 和 Reverse 两个引物位点，能够从两侧扩增 LacZα 互补区域内的 mini-attTn7 位点，有利于 PCR 分析）进行 PCR 扩增鉴定。在转染试剂 Cellfectin II 的作用下，通过脂质体介导法将纯化的 rBac-IL18、rBac-VP2、rBac-IL18-VP2、rBac-HA1、rBac-IL18-HA1 转染至草地贪夜蛾细胞（*Spodoptera frugiperda* 9，*sf*9）获得 P1 代重组杆状病毒，用 P1 代病毒感染 sf9 来扩增病毒滴度，将达

到一定滴度（$10^7 \sim 10^8$pfu/mL）的P3代重组杆状病毒感染sf9，感染72h后收获sf9细胞及培养上清，进行聚丙烯酰胺凝胶电泳（SDS-PAGE）检测和间接免疫荧光试验（IFA）检测。SDS-PAGE检测显示，mChIL-18、VP2、HA1基因均在sf9中的裂解上清中得到了高效表达，即表达的蛋白是可溶性的，表达的目的条带分子量分别约为19.5 KD，48.4 KD，37.4 KD。IFA检测显示mChIL18基因与VP2基因或HA1基因分别同时在同一细胞中独立表达。

四、双表达产物pF-IL18-VP2和pF-IL18-HA1的生物学活性检测

采用鸡脾淋巴细胞增殖试验（MTT法）、IFN-γ诱导实验和水疱性口炎病毒（VSV）抑制试验对表达的蛋白进行生物学活性测定。鸡脾淋巴细胞增殖试验表明，不同浓度的pIL18、pVP2-IL18和pHA1-IL18均能够明显促进淋巴细胞的增殖，随着蛋白浓度的增加刺激转化作用逐渐增强，均当浓度为200ng/mL时，刺激转化效果最佳，增殖指数可达4.13、4.35、4.09，但随着蛋白浓度的增大淋巴细胞的增殖指数逐渐降低。VSV病毒活性抑制试验表明，当蛋白浓度大于100ng/mL时能刺激脾淋巴细胞产生IFN-γ，并且随着pIL18、pVP2-IL18和pHA1-IL18浓度的增加诱导产生IFN-γ的量随之增加；将不同稀释度的IFN-γ分别作用于VSV，在IFN-$\gamma \geq 1 \times 10^2$U/mL时，具有较强的抑制效果，当IFN-γ为10 U/mL时，只能达到约50%的保护。该结果说明pIL18、pVP2-IL18和pHA1-IL18的抗病毒活性是通过IFN-γ实现的，且在一定浓度范围内具有抑制VSV病毒产生细胞病变的作用。

五、双表达蛋白 pF-IL18-VP2 和 pF-IL18-HA1 的免疫原性研究

将含有 pIL18、pVP2、pVP2-IL18 的油乳剂疫苗分组免疫动物，14d 时一免，28d 时二免。Ⅰ组为传统疫苗组；Ⅱ组为 pIL18 与 B78 减毒疫苗联合疫苗组；Ⅲ为 pIL18 与 pVP2 联合疫苗组；Ⅳ组为 pVP2-IL18 单独免疫组；Ⅴ组一免注射 B78 减毒疫苗，二免注射 pVP2-IL18；Ⅵ组为 pVP2 单独免疫组；Ⅶ组为对照组。从体液免疫和细胞免疫水平上分析试验结果。细胞免疫水平通过流式细胞术检测，从统计学意义上分析处理数据。结果表明，与免疫前和阴性对照组相比，各试验组都促进 $CD4^+$ 和 $CD8^+$ T 细胞增殖。一免后各试验组 $CD4^+$ T 细胞都呈上升趋势，但一免 7d 后又呈下降趋势；二免后Ⅰ、Ⅲ、Ⅴ呈上升趋势且持续时间比较长，其中Ⅳ组 $CD4^+$ T 增殖水平最高，在一免后 21d、28d、35d 都与其他组差异显著（$P<0.05$）。一免后各试验组 $CD8^+$ T 细胞都呈上升趋势，但一免 7d 后又呈下降趋势；二免后各实验组仍呈不同下降趋势，其中Ⅰ组 $CD8^+$ T 增殖水平最高，在一免后 14d、21d、28d 都与其他组差异显著（$P<0.05$）。体液免疫水平通过使用传染性法氏囊病病毒抗体检测试剂盒检测，从统计学意义上分析处理数据。结果表明，与免疫前相比，各试验组都有较好的促进 IBD 抗体生成作用，抗体水平都持续增高且维持时间也较长，都在在一免后 28d 抗体水平达到最高；与阴性对照组相比，Ⅳ组效果最好，抗体效价最高，Ⅴ组次之，然后是Ⅱ组、Ⅰ组、Ⅲ组、Ⅵ组。攻毒试验结果表明，Ⅳ组保护率可达 90%，Ⅴ组次之可达 80%，然后是Ⅰ组和Ⅱ组 75%、Ⅲ组为 70%、Ⅵ组 50%，Ⅶ组无一幸免。

将含有 pIL18、pHA1、pHA1-IL18 的油乳剂疫苗分组免疫动物，7d 时一免，21d 时二免。Ⅰ组为传统疫苗组；Ⅱ组为 pIL18

与传统疫苗联合疫苗组；Ⅲ为pHA1单独免疫组；Ⅳ组为pHA1-IL18单独免疫组；Ⅴ组pIL18与pHA1联合疫苗组；Ⅵ组为pHA1单独免疫组；Ⅶ组为对照组。从体液免疫和细胞免疫水平上分析试验结果。细胞免疫水平通过流式细胞术检测。结果表明，与免疫前和阴性对照组相比，各试验组都能够明显促进$CD4^+$和$CD8^+$ T细胞的增殖反应：一免后各试验组$CD4^+$和$CD8^+$ T细胞都呈上升趋势，但一免7d后又呈下降趋势；二免后虽呈上升趋势且持续时间比较长，但增殖幅度不大，以Ⅳ组$CD4^+$ T增殖水平最高。体液免疫水平通过使用血凝抑制试验检测。结果表明，各试验组都有较好的促进ND、H5型AI和H9型AI抗体生成作用，都是在一免后28d抗体水平达到最高；与阴性对照组相比，Ⅳ组效果最好，抗体效价最高与其他组差异显著（$P<0.05$）。

著　者

2019年3月

目　　录

概述 …………………………………………………………（1）
一、白细胞介素 18 的研究进展 ……………………………（1）
二、鸡 IL-18 的研究进展 …………………………………（9）
三、鸡 IL-18 对传染性法氏囊病疫苗免疫原性提高的研究进展 ……………………………………………（16）
四、鸡 IL-18 对禽流感免疫原性提高的研究进展 ……（20）
五、鸡 IL-18 在杆状病毒表达系统中表达的研究进展 …………………………………………………（29）
第一章　ChIL-18 原核表达蛋白复性研究 ………………（35）
第一节　不同复性方法对 rChIL-18 原核表达蛋白复性率和生物学活性的影响 ……………………………（35）
一、材料 …………………………………………………（36）
二、方法 …………………………………………………（37）
三、结果 …………………………………………………（40）
四、讨论 …………………………………………………（43）
第二节　人工分子伴侣系统辅助 rChIL-18 原核蛋白复性过程中影响因素的研究 ………………………（45）
一、材料 …………………………………………………（45）
二、方法 …………………………………………………（46）
三、结果 …………………………………………………（48）
四、讨论 …………………………………………………（50）

第二章　rChIL-18 原核蛋白及真核表达质粒对 IBDV 灭活疫苗免疫增强作用的研究 ……………………………… (54)
一、材料 ……………………………………………………… (55)
二、方法 ……………………………………………………… (55)
三、结果 ……………………………………………………… (57)
四、讨论 ……………………………………………………… (61)
第三章　mChIL-18 与 IBDV VP2 基因或 AIV HA1 基因在 pFastBac^{TM}Dual 中的共表达及其免疫原性研究 ……………………………………………………… (63)
第一节　mChIL-18 与 VP2 或 HA1 在杆状病毒表达载体中的共表达 ……………………………… (63)
一、材料 ……………………………………………………… (64)
二、方法 ……………………………………………………… (66)
三、结果 ……………………………………………………… (87)
四、讨论 ……………………………………………………… (104)
第二节　双表达产物 pF-IL18-VP2 和 pF-IL18-HA1 的生物学活性检测 ……………………………… (106)
一、材料 ……………………………………………………… (107)
二、方法 ……………………………………………………… (107)
三、结果 ……………………………………………………… (110)
四、讨论 ……………………………………………………… (114)
第三节　双表达蛋白 pF-IL18-VP2 和 pF-IL18-HA1 的免疫原性研究 ……………………………… (116)
一、材料 ……………………………………………………… (117)
二、方法 ……………………………………………………… (118)
三、结果 ……………………………………………………… (124)
四、讨论 ……………………………………………………… (131)
研究结果 ……………………………………………………… (135)

相关文章 …………………………………………………………………… (137)
参考文献 …………………………………………………………………… (139)
符号说明 …………………………………………………………………… (168)
附录 ………………………………………………………………………… (171)

概　　述

一、白细胞介素 18 的研究进展

（一）IL-18 的发现

1982 年，Okmura 等发现痤疮丙酸杆菌（*Propionibacterium acnes*，*P. acnes*）与丝裂原 LPS 合用能显著增加 IFN-γ 的分泌水平，推测有中介因子参与，但一直未能确定。1989 年，Nakamura 等从痤疮丙酸杆菌（*Propionibacterium acnes*，*P. acnes*）和细菌脂多糖（LPS）致内毒素休克的小鼠血清中分离出一种具有诱导产生 IFN-γ 活性的蛋白因子，研究发现，这种因子与 IL-12 有很多相同之处。1995 年，Okamura 等发现用 *P. acnes* 处理的小鼠再用抗 CD3 单克隆抗体刺激，可释放高水平的 IFN-γ。随后用 *P. acnes* 接种小鼠，再用 LPS 诱导小鼠使其中毒休克，从其肝脏提取液中分离到一种均一多肽，约 18KD。根据其中两个多肽片段的氨基酸序列合成寡核苷酸引物，以此为引物用 RT-PCR 将从小鼠肝脏中提取的 mRNA 扩增出一个不完全的 cDNA 片段，作为探针，筛选小鼠肝细胞 cDNA 文库，得到一全长的 cDNA 克隆，并在大肠杆菌中表达。因其可诱导 IFN-γ 产生，命名为 γ-干扰素诱导因子（interferon gamma inducing factor，IGIF）（Okamura et al.，1995）。1996 年，Ushio 等用鼠 IGIF cDNA 作为探针，从正常人肝脏 cDNA 文库中分离出人的 IGIF cDNA。并在大肠杆菌（*E. coli*）中表达，鉴于 IGIF 的氨基酸序列与已知数据库中的任何蛋白质均不相同，并且它除了能诱导 IFN-γ 产生外还有多种生物学活性，因此重新命名为白细胞介素 18 (interleukin-18，IL-18)（Ushio et al.，1996）。

（二）IL-18 的分子结构

鼠 IL-18（mIL-18）前体蛋白由 192 个氨基酸组成分子量 23.8ku，N 末端有一结构特殊的 35 个氨基酸组成的信号序列，无 N 端糖基化位点、无野生型疏水信号肽样位点。成熟 mIL-18 由 157 个氨基酸组成，分子量 18.2ku，等电点 PI = 4.9（Okamura et al.，1995）。IL-18 前体与 IL-1β 前体相似，没有生物学活性。但两者都有 IL-1β 转换酶（interleukin-1β-converting enzyme，ICE or Caspase-1）的加工位点天冬氨酸残基（Asp），ICE 可选择性地在特异性的位点切割，使之成为有活性的成熟蛋白（Ghayur，et al.，1997；Gu et al.，1997；Lorey et al.，2004；Nagata et al.，2002）。目前认为，小鼠的裂解位点是^{35}Asp-^{36}Asn，人的 IL-1β 切割位点是^{36}Asp-^{37}Tyr。实验证明，ICE 缺失的小鼠可以生成 IL-18 前体，但不能将其转换成有活性的 IL-18。LPS 不能在这种小鼠诱导生成 IFN-γ（Fantuzzi et al.，1998；Melnikov et al.，2001）。另一方面，参与细胞凋亡的 Caspase-3 也能将 IL-18 前体蛋白和成熟体蛋白降解成无活性形式的降解型副产物，这也可能构成了 IL-18 一种潜在的负调节机制（Akita et al.，1997；Ghayur et al.，1997）。据报道，Proteinase-3 也可以激发 Pro-IL-18 的生物学活性。但是，相比而言，Pro-IL-18 或者成熟 IL-18 在^{76}Asp-^{77}Asn 以及^{71}Asp-^{72}Ser 之间被 Caspase-3 切开则产生了无活性生物肽（Sugawara et al.，2001；Pirhonen et al.，1999）。人白介素 18（hIL-18）基因编码 193 个氨基酸前体蛋白，与 mIL-18 有 65%同源性，N 端也有类似的信号序列，亦无 N 端糖基化位点和疏水信号肽位点（Ushio et al., 1996)。mIL-18 和 hIL-18 都有 IL-1 类似的特征性结构(称为 IL-1 特征样序列):phe-x(12)-phe-x-ser-x(6)-phe-leu。IL-18 的空间结构由 12 股 β 片形成 β-三叶折叠,这也与 IL-1 蛋白家族空间结构类似(Bazan et al., 1996)。mIL-18 可能定位于小鼠 9 号染色体糖尿病易感基因 Idd2 区间,推测 hIL-18 可能定位于 IL-1β 基因所在染色体 2q13 区间(Rothe et al., 1997)。IL-12 能诱导转录信号传导和激活 Stat 家族蛋白的 Stat3、Stat4 酪氨酸磷酸比,但用 IL-18 处理 Th1 细胞后 Stat4 酪氨酸磷酸比现象消失。这说明确切的 IL-18 信号传导路线尚在探索中。折叠识别分析表明,IL-18 的蛋白质序列与 IL-1β 有 19% 的同源性,与 IL-1α 有 12% 的同源性。二者的空间结构是 β 折叠链,2 个发夹结构,故整个结构共有 12 条反向平行的 β 折叠链和 6 个发夹结构。其中 6 条 β 折叠链、3 个发夹结构形成一桶状结构,其中央是一个巨大的疏水核心,而另 6 条 β 折叠链和 3 个发夹结构在桶底部作三角形排列,形成一个"桶盖"。由于 IL-18 与 IL-1 有很多相似之处,两者可能来源于相同的祖先,故有人建议将 IL-18 命名为 IL-1γ。

(三) IL-18 的分布及产生

免疫或非免疫细胞都可产生 IL-18,人和鼠的 IL-18 主要由巨噬细胞产生,如单核巨噬细胞,肝脏 Kupffer 细胞等。现已发现在小鼠表皮角化细胞、成骨细胞、小肠上皮细胞以及大鼠的肾上腺皮质网状带和束状带细胞均可表达 IL-18。小鼠的 IL-18 主要由肝脏中的 Kupffer 细胞产生,外周血单核细胞经 LPS 刺激也有 IL-18 mRNA 的表达。现已发现在小鼠表皮角化细胞、成骨细胞、小肠上皮细胞以及大鼠的肾上腺皮质网状带和束状带细胞均可表达 IL-18(Gracie et al., 2003; Wheeler et al., 2003)。人 IL-18 的细胞来源还不确定,外周血中只有单核巨噬细胞不经诱导即可表达 IL-18mRNA，而 T、B 细胞中几乎检测不到。ConA 或 PHA 刺激的外周血中 IL-18mRNA 的表达量没有明显改变，提示人 IL-18 可能来源于单核巨噬细胞系统（赵丽等，2006）。

机体许多器官和细胞都可以检测到 IL-18 mRNA，如肝、肾、脾、胰、骨骼肌、肺、成骨细胞、皮肤的角质细胞、活化的巨噬细胞等。在生理条件下，人血液中就含有的 IL-18 浓度可达 50~150ng/L（Taniguchi et al.，1997）。鼠肾上腺皮质、垂体后叶（神经垂体）（Conti et al.，1997）、肠上皮细胞等非免疫组织都有 IL-18 的分布和表达（Takeuchi et al.，1997），提示 IL-18 可能作为一种神经免疫调节剂起作用。人成骨细胞、关节软骨细胞也产生 IL-18，它在此可能参与骨质代谢过程。

不能肯定 IL-18 是否以成熟活性形式分泌，因为 proIL-18 没有保守的信号肽。Gu 等（1997）发现用 proIL-18 表达质粒转染 COS 细胞有近 10%的成熟 IL-18 分泌，而 ProIL-18 却不到 1%。这可能是 IL-18 以成熟功能形式分泌的一种证据。但此种分泌机制不清楚。Stoll 等（1998）用 RT-PCR 及细胞剔除的方法证明小鼠角朊细胞或其细胞系 PAM212 能表达 IL-18 mRNA，而且发现过敏原能刺激 IL-18 mRNA 的表达及有活性的 IL-18 的产生。这一发现与表皮角朊细胞能影响 T 细胞向 TH1/TH2 偏轨相符，也与它们产生 ICE 相符。

（四）IL-18 的生物学功能

1. IL-18 促进细胞因子的分泌

IL-18 可以诱导 Th1 细胞和 NK 细胞产生 IFN-γ，这是它最主要的一个生物学功能。IL-18 通过 IRAK/TRAF6 信号途径，使 NF-κB 和 AP-1 在细胞核内与 IFN-γ 基因启动子中特定的 DNA 调节序列相结合，激活 IFN-γ 启动子，从而使 IFN-γ 基因表达和蛋白合成（Dinarello et al，1998；Pavlova et al.，2008；Shi et al.，2010）。在抗CD3分子单克隆抗体存在下，mIL-18可显著刺激鼠Th1细胞产生IFN-γ，并且活性比IL-12高。IL-18与IL-12联合作用时产生IFN-γ比IL-18或IL-12单独作用所产生的多，二者具有协同效应。此协同作用主要是由IL-12诱导T细胞表达IL-18Rα及随后的IL-18上调IL-12Rβ_2相互作用所介导的（Yoshimoto et al.，1998；Chang et al.，2000）。实验表明，在培养液中加入鼠IL-12中和抗体不能抑制IL-18诱导Th1细胞产生IFN-γ，提示IL-18的活性不依赖于IL-12。同样，加入IL-18中和抗体也不能抑制IL-12诱导产生IFN-γ。当IL-12的作用达到饱和时，IL-18的加入依然可以发挥作用，由此说明这两种细胞因子通过不同的信号传导途径，独自起作用。IL-18除可以诱导Th1细胞和NK细胞产生IFN-γ外，有研究表明IL-18和IL-12共同作用时可使抗CD40分子抗体活化的高度纯化的鼠B细胞产生IFN-γ（Yoshimoto et al，1999）。来源于鼠骨髓的巨噬细胞在IL-12和IL-18刺激下也能产生大量的IFN-γ。由此可见，巨噬细胞不仅可以通过产生IL-12和IL-18刺激T细胞、NK细胞和B细胞产生IFN-γ，并且其自身在IL-12和IL-18作用下也产生IFN-γ。此外，IL-18还可以刺激T细胞产生IL-2（Xu et al，2008；Tang et al，2008）、GM-CSF和TNF-α，外周血单核细胞在IL-18刺激24h后，可检测到有IL-1β和IL-8的产生（Puren et al，1998）。嗜碱性粒细胞和肥大细胞在IL-3和IL-18刺激下也可产生IL-4和/或IL-13。$CD4^+$静息T细胞与IL-18和IL-2共同培养时，可产生大量的IL-13和少量的IL-4，若用抗CD3分子单克隆抗体刺激培养物，可增加它们产生Th2型细胞因子的能力。并且，这些活化的T细胞可极化为Th2细胞（Yoshimoto et al，1999；Nakanishi et al，2001）。由此可见，IL-18不仅在Th1反应中有重要作用，而且在Th2反应中也发挥一定作用，是一种多功能型的细胞因子。IL-18的功能还包括诱导

IL-1β 肿瘤坏死因子 α 和几种趋化因子的分泌。

2. 对 T 细胞的作用

IL-18 对 T 细胞表达细胞因子有显著的影响。重组人 IL-18（rhIL-18）对 T 细胞具有促增殖作用。在经 CD3 单克隆抗体刺激的富集 T 细胞中加 hIL-18，T 细胞增殖作用显著增强（纪丽丽等，2005），且呈剂量依赖性，若 rhIL-18 浓度较低（10 ng/mL）时，这种促增殖作用可被抗 IL-2 抗体所抑制，IL-18 能促进 CD3 刺激的 T 细胞分泌 IL-2。酶联免疫吸附分析表明重组的 IL-18 可刺激 T 细胞和外周血单核细胞产生大量的 IFN-γ（Greene et al.，2000），其效能超过 IL-12。联合应用 IL-18 和 IL-12 可使体外培养的 T 细胞产生大量的 IFN-γ，其效果优于任何一种因子的单独作用，说明这两种因子诱生 IFN-γ 的途径可能不同。IL-18 还可以显著的增加培养的 T 细胞的 IL-2 的产量，与 IL-12 不同的是 IL-18 在没有抗原或 CD3 刺激存在的时候也可以刺激 T 细胞产生 IL-2，IL-18 的这种刺激作用可能是通过活化 NF-κB 实现的。总之，IL-18 促进 T 细胞的增殖的效应明显是通过一种 IL-2 依赖途径进行的（Micallef et al.，1996）。对鸡脾淋巴细胞，鸡 IL-18 不需要 IL-2 的共刺激，就可以刺激 T 细胞增殖（Gobel et al.，2003）。至于 IL-18 是否参与 Th 细胞的分化，已有结果表明 IL-18 不能诱导初始 $CD4^{+}$T 细胞向 Th1 细胞分化，但可能通过促进 IL-12 来诱导向 Th1 细胞分化（陈湘琦等，2005）。此外，有人发现在混合淋巴细胞培养开始时即加入 IL-18 能增强同种异体 T 细胞的细胞毒性（Dinarello et al.，2003）。

3. 对 B 细胞的作用

抗 IL-18 抗体和 IL-12 抗体都能抑制抗原和抗原提呈细胞（脾脏 B 细胞）刺激后的 Th1 细胞产生 IFN-γ，并且两种抗体没有交叉反应性，这表明 Th1 细胞与抗原提呈细胞相互作用时有

IL-18 和 IL-12 的产生（内源性释放）（Kohno et al., 1997）。Hoshino 等（1999）发现 IL-18 转基因鼠体内 B 细胞数目减少，但 IgE、IgG 等含量却上升。也有实验发现 IL-12 能轻微抑制从脾细胞提取纯化的 B 细胞的分泌功能，而 IL-18 没有作用，当 IL-18 与 IL-12 一起刺激时可明显抑制 Ig 的分泌，并且可促使 CD40 抗体活化的 B 细胞分泌 IFN-γ，产生的 IFN-γ 不抑制 B 细胞的增殖，但可抑制 IgE、IgG1 的生成，同时提高 IgG2a 的表达量。提示 IL-18 可能阻断由 IgE 介导的过敏反应。其机制可能是通过上调 B 细胞表面的 IL-18R。

4. 增强细胞毒作用

IL-18 通过细胞毒作用途径在清除病毒过程中发挥部分作用（Sekiyama et al., 2005）。IL-18 可上调 NK 及 $CD8^+T$ 细胞的细胞毒作用，NK 与 $CD8^+T$ 细胞一样以多种形式、利用不同的分子发挥它们杀细胞的作用。首先是利用胞吐杀细胞物质穿孔素；第二，效应细胞上 FasL 的表达诱导有 Fas 的靶细胞凋亡；第三，TNF 相关的凋亡诱导配体（TRAIL）是新近发现的与多种表达有 TRAIL 受体的肿瘤细胞相关的细胞毒机制。IL-18 可上调穿孔素依赖的细胞毒机制和 FasL 的表达，但不增加 TRAIL 的表达，另外因 IFN-γ 可激活 NK 细胞，IL-18 增强 NK 活性可能也通过 IFN-γ 介导的方式（Tsutsui et al., 1997）。IL-18 与 IL-12 在上调细胞毒方面没有协同作用。IL-18 缺乏的小鼠，其 NK 功能下降，给予外源性 IL-18，不仅可恢复 NK 功能且可增强其溶细胞的活性。同时因 IL-18 可上调 IL-18Rβ 的基因表达，给予外源性 IL-18 还可上调 IL-18R 缺乏小鼠体内 NK 的活性。

5. IL-18 的免疫调节作用

IL-18 对机体的免疫反应具有双向调节作用，分为增强和减弱两方面。所谓免疫增强是指用人为措施，全面或选择性提高机体的免疫功能，以达到治疗疾病的目的。增强（enhancement）

过去又称刺激（stimulation），是刺激机体自身免疫系统，激活或调动机体的免疫功能潜能，是一种主动免疫过程。在养禽业，由于超强毒株的出现，使得活疫苗的应用受到很多人关注，要求寻找替代疫苗。然而，灭活疫苗或重组亚单位疫苗不能提供足够的保护，通常需要使用佐剂。但是油佐剂通常会诱导局部负反应，导致肉品质降低，因此在家禽上没有合适的、价廉的、高效的佐剂与抗原一起免疫鸡体。在过去的几年中，应用细胞因子、趋化因子以及共刺激分子作为 DNA 疫苗的分子佐剂的研究报告很多。IL-2、IL-12 或 IL-18 与人前列腺肿瘤疫苗合用，能使小鼠显著增强 Th 细胞增殖（Kim et al.，2000）。将 IL-18 和 IL-12 基因融合入树突状细胞（DC），免疫小鼠能提高 IFN-γ 的表达（Iinuma et al.，2006）。原核表达重组鸡白细胞介素-2 与鸡新城疫-禽流感-法氏囊-传支四联油乳剂灭活苗同时使用明显提高抗体效价，且无毒副作用（费聿锋等，2004；Henke et al.，2006）。

细胞因子（Henke et al.，2006；Ma et al.，2006）质粒 DNA 注射后在体内相当长的时间内都会表达细胞因子，因此当细胞因子被应用于调节 DNA 疫苗的免疫应答时，就具有非常明显的优势。诱导 Thl 型应答的细胞因子与 DNA 疫苗结合起来，大多数的研究结果发现：IgG 1/ IgG2a 的比率随着同时注射 IFN-γ、IL- 2、IL-12、IL-15 或 IL-18 编码质粒而下降，大多数的 DTH 应答和 CTL 应答也增强。DNA 疫苗与编码诱导 Th2 型应答的细胞因子的质粒一起注射，诱导的免疫应答通常以产生高水平的 IgG 1 抗体为特征，导致高水平的总抗体和高 IgG 1/ IgG2a 抗体比率。IL-18 cDNA 疫苗对小鼠自发性狼疮样病有一定效果（Bossu et al.，2003）。将前列腺抗原特异性抗原 PSA 的 DNA 与鼠 IL-18 质粒共同免疫小鼠，使极低剂量的抗原也能获得很好的保护率（Marshall et al.，2006）。将 IL-12、IL-18 基因与猪瘟病毒糖蛋白 gp55/E2 构建共表达质粒，肌肉注射 3 次，IL-18 组能提高攻毒保护率（Wienhold et al.，2005）。将 AIV 的 HA 基因与鸡 IL-18 基因插入痘病毒构建重组痘病毒，免疫 SPF 鸡和商品来航鸡，有 100% 的保护率（Ma et al.，2006）。以鸡痘病毒 282E4 中国疫苗株为载体，构建了共表达中国流行株 HIV-1 外膜蛋白 gp120 和 IL-18 的重组鸡痘病毒，可诱导小鼠产生特异性抗体和脾特异性 CTL 反应（江文正等，2004）。

用 His 标签融合表达的鸡 IL-18 重组蛋白与 NDV 疫苗联合使用，检测抗体，IL-18 作为佐剂的效果优于氢氧化铝（Degen et al.，2005）。将表达 pcDNA3.1/ChIL-18DNA 疫苗和新城疫灭活苗联合注射鸡体，结果显示用常规 ND 灭活疫苗与 ChIL-18 基因重组真核表达质粒联合注射，比只用常规 ND 灭活苗免疫鸡其 T 淋巴细胞转化功能有明显提高，单独应用 ChIL-18 基因重组真核表达质粒注射的鸡其 T 淋巴细胞转化功能也比不注射 pChIL-18 的明显增强（温纳相等，2005）。曹素芳等将共表达 pcDNA3.1/oomph-ChIL-18 DNA 疫苗免疫鸡，其保护效率达到 8/17，而 pcDNA3.1/ompH DNA 疫苗和重组蛋白 omp_mH 油乳苗保护率分别为 5/17 和 2/17，很明显鸡 IL-18 能提高基因疫苗的免疫效果。由于基因疫苗的研究还处于起步阶段，尚有许多问题未能解决，远未达到在临床应用的阶段。

二、鸡 IL-18 的研究进展

（一）鸡 IL-18 的发现

2000 年，Schneider 等根据鸡法氏囊 EST（Expressed Sequence Tag）数据库中相应的基因序列分析，设计特异性引物，从脂多糖（LPS）刺激的鸡巨噬细胞系 HD-11 的 cDNA 中首次扩增并克隆出来鸡 IL-18（Chicken Interleukin-18，ChIL-

18）。序列分析表明，在第 29 位天门冬氨酸残基处由 IL-1β 转换酶切割除去前导序列而成为成熟的鸡 IL-18 多肽，其成熟蛋白由 169 个氨基酸组成。将编码 ChIL-18 成熟蛋白的基因克隆至原核表达载体，在大肠杆菌中成功表达，获得相对分子质量约为 23kDa 的重组融合蛋白（His-ChIL-18）。ChIL-18 与哺乳动物的 IL-18 在氨基酸水平上约有 30%的同源性。还证明，rChIL-18 具有刺激鸡脾细胞产生 ChIFN-γ 的生物学活性，至于 ChIL-18 的其他生物功能还有待于进一步研究（Schneider et al.，2000）。

（二）鸡 IL-18 的研究

2003 年，刘胜旺等报道将编码鸡 IL-18 成熟蛋白的基因亚克隆至原核表达载体 pPROEXTMHT 中，表达的融合蛋白占菌体蛋白的 30%，分子量约为 23kDa。刘胜旺等用所获得的重组鸡 IL-18 融合蛋白制备豚鼠抗鸡 IL-18 多克隆抗血清，并用琼脂扩散试验对多克隆抗血清进行了证明。2005 年，胡敬东等通过引物设计去除 ChIL-18 的前导序列，直接克隆了 ChIL-18 成熟蛋白基因，并将其亚克隆至原核表达载体 pGEX-6P-1 中，经测序鉴定正确后在大肠杆菌 BL21 中进行表达。结果表明，该质粒的 BL21（DE3）LysS 转化菌在 IPTG 的诱导下可高效表达 GST-ChIL18 基因融合蛋白，表达量约占菌体总蛋白的 32%，为进一步研究有关重组 ChIL-18 的生物学特性及其临床应用打下了基础。利用白介素-18 等细胞因子增强或调节机体的非特异性免疫（Degen et al.，2005），不仅能有效防控畜禽疾病，而且将在畜牧业生产中产生巨大的经济效益，是被普遍看好并具有广阔应用前景的新型佐剂（王宪文等，2008）。随着分子生物学、免疫学理论和技术的迅猛发展，学者们对白介素-18 等细胞因子进行了越来越多的研究（窦永喜等，2005），在畜禽疾病的治疗和预防上显示了广阔的前景。

（三）原核表达产物的纯化方法

大肠杆菌表达体系因其具有低廉性、高效性和稳定性等优点在科研生产中被广泛应用。包涵体易于分离纯化，只要能够在体外成功复性，将是大量生产重组蛋白最有效的途径之一。然而，重组蛋白在大肠杆菌中的高水平表达经常导致蛋白聚集而形成坚硬的、不溶的、无活性的聚集体（aggregation）、又称包涵体（inclusion body），必须经过变性、复性才能获得生物学功能。

大肠杆菌表达系统中，两方面因素可造成包涵体形成：其一，为追求较高的表达效率，在载体系统中采用强的启动子和增强子序列，靶蛋白质表达分别可占细胞总蛋白的15%~50%和40%~50%（Makrides，1996）。重组蛋白在宿主系统中高水平表达时，无论是用原核表达体系或酵母表达体系甚至高等真核表达体系，都可形成包涵体（Gribskov et al.，1983）。其二，大肠杆菌细菌细胞没有与真核细胞完全适应的结构基础和折叠机制，缺乏辅助真核蛋白质折叠的分子伴侣和折叠酶。而且，对于含有二硫键的重组蛋白而言，处于还原环境的细菌胞质不能有效地完成二硫键蛋白质的氧化折叠。硫氧还蛋白还原酶活性缺失突变的大肠杆菌菌株ADA494，ADA494（DE3）等有利于二硫键在细胞质内的形成（宁云山等，2001）。当蛋白存在一个以上二硫键时，可以出现多种不同组合的构象，而其中只有一种是天然构象，生物学活性最高。组合数目随着蛋白二硫键数目的增加，而呈几何级数增长，因此，必须建立一个环境使二硫键错配能得到有效的纠正。

1. 包涵体的分离

包涵体是聚集的蛋白质形成的非常致密的颗粒，它们可直接用反相显微镜在活细胞中观察到（刘国诠，2003）。包涵体直径

可达 μm 级，并呈现出无规则或类晶体的结构。包涵体具有很高的密度（~1.3mg/mL）（Mukhopadhyay，1997），将细胞用高压匀浆结合溶菌酶处理或超声波裂解后，可低速离心收获。包涵体中主要含有重组蛋白，但也含有一些细菌成分，如一些外膜蛋白、质粒 DNA 和其他杂质。去垢剂如 Triton X-100、脱氧胆酸盐和低浓度的变性剂如尿素充分洗涤去除杂质（Cowley et al.，1997），这一步很重要，因为大肠杆菌外膜蛋白 OmpT（37kD）在 4~8mol/L 尿素中具有蛋白水解酶活性，在包涵体的溶解和复性过程中可导致重组蛋白质的降解。

2. 包涵体的变性溶解

包涵体蛋白溶解需要用很强的变性剂，比如 6~8mol/L 盐酸胍或 6~8mol/L 尿素。对于含有半胱氨酸的蛋白，如果包涵体中含有一些链间和/或链内活性或非活性二硫键，应加入巯基还原剂如 DTT、GSH、β-ME 等还原这些二硫键促溶。EDTA、EGTA 等螯合剂，可清除金属离子带来的不必要的氧化反应。蛋白溶解后呈变性状态，氢键、疏水键完全破坏，疏水侧链完全暴露，呈可溶性伸展态，但一级结构和共价键不被破坏。

3. 蛋白质复性

当变性剂浓度降低或除去时，一部分蛋白质自发地从变性的热不稳定状态向热力学稳定状态转变形成具有生物学功能的天然结构，可自动折叠成具有活性的正确构型，这一折叠过程称为蛋白质的复性，又称再折叠（refolding）（纪剑飞等，1998）。体外折叠时，蛋白分子间存在大量错误折叠和聚合，复性效率往往很低（Fisher et al.，1993）。虽然蛋白质的一级结构没变，但折叠恢复天然构象及活性的过程还受到周围环境的影响。为了获得正确折叠的活性蛋白质，必须要去除过量的变性剂和巯基还原剂，并把还原的蛋白转到氧化的环境中促使二硫键的形成。常用的方法有：稀释、透析、渗滤等。蛋白复性过程必须根据蛋白质不同而优化过程参数，如蛋白的浓度、温度、pH 和离子强度等。对于含有二硫键的蛋白，复性不仅要降低或去除变性剂，同时必须提供巯基氧化形成二硫键的环境，又称为氧化复性（oxidation refolding）。常用的方法有：空气氧化和使用氧化交换系统。空气氧化廉价、产率低；氧化交换系统正确配对的二硫键的产率更高，常用 GSH/ GSSG，cysteine/ cystine. cysteamine/ cystamine，DTT/ GSSG 等。通常使用 1~3mmol/L 还原型巯基试剂，还原型和氧化型巯基试剂的比例通常为 10：1~5：1（Rudolph et al.，1996）。当还原型和氧化型比例介于 3：1 到 1：1 之间时，可以得到最高的复性率（Hevchan et al.，1997）。

4. 提高复性率的方法

体外复性时，蛋白要经过一系列的折叠中间体，最后形成天然构象。在蛋白的折叠过程中，部分折叠的中间体的疏水簇外露，分子间的疏水相互作用引起蛋白聚集。由于聚集是分子间的现象，聚集反应是二级（或高级）反应，而正确折叠却是一级反应，所以，聚集反应更依赖于高蛋白浓度。因此，在复性过程中，抑制肽链间的疏水相互作用以防止聚集，是提高复性收率的关键（方敏等，2001）。减少聚集最直接的方法就是降低蛋白浓度。在蛋白浓度介于 10~50μg/mL 之间时，通常在 100μg/mL 以下，可以预期得到较高的复性率。

（1）快速稀释。用大量复性缓冲液直接加入变性蛋白中，降低变性剂浓度，透析除去变性剂，达到复性目的。将重组牛白细胞介素-2 复性，生物活性单位约为 4×10^{6}U/L 菌液（金红等，1998）。稀释的另一个方法是把变性蛋白缓慢连续或不连续地加入磁力搅拌的复性液中。在两次蛋白加入之间，应有足够的时间间隔使蛋白折叠通过了易聚集的早期中间体阶段。这是由于完全折叠的蛋白通常不会与正在折叠的蛋白共聚集（Rudolph et al，1997）。

（2）温度跳跃策略。变性蛋白在低温下复性折叠以减少聚集，直到易聚集的早期中间体大都转化为不易聚集的后期中间体后，温度快速升高来促使中间体快速折叠成蛋白的天然构象（Xie et al.，1996）。

（3）透析复性。用8mol/L盐酸胍变性蛋白，逐渐对含7、6、5、4、3、2、1mol/L盐酸胍的透析液透析，逐渐稀释，防止由于条件剧烈变化引起聚集。

（4）小分子添加剂促进复性0.3~0.5mol/L的L-Arg是最常用的添加剂（Tandon et al.，1988），但它们有可能干扰寡聚蛋白质的装配（De et al.，1998）。

（5）分子伴侣（chaperones）。属于热休克蛋白（heat shock protein，HSP）的亚类，可协助蛋白质多肽链的正确折叠，协助蛋白质的跨膜转运（Thromas et al.，1997，Machidas et al.，1998）。热休克蛋白CpkB对nrhTNF体外复性有促进作用（颜真，张英起，王俊楼，1999）。

近来，越来越多的有关蛋白质折叠的研究已转向利用分子伴侣GroE家族（董晓燕等，2000）。有些学者已成功地利用分子伴侣在体内和体外辅助蛋白质复性（杨晓仪等，2004）。GroE由GroES/GroEL（HSP60/HSP70）组成（Chothia et al.，1990）。GroEL具有结合蛋白质的作用，相当于变性蛋白质的亲和配基。固定化GroEL柱（固定床）相当于变性蛋白质的亲和吸附层析柱，从而可提高样品的处理量，并使蛋白质在复性的同时得到浓缩和纯化，解决了将分子伴侣从复性的蛋白中去除的难题且该介质可以反复使用。对几种变性蛋白和久贮失活的酶进行了成功的复性层析（Altamirano et al.，1997）。不过，该介质只适用于GroEL的作用底物。

人工分子伴侣促进复性（aritificial chaperone-assisted refolding）（Karuppiah N et al.，1995）使用环糊精辅助碳酸酐酶B

的复性。环糊精由淀粉通过环糊精葡萄糖基转移酶降解制得，是由 D-吡喃葡萄糖单元以 α-1，4-糖苷键相互结合成互为椅式构象的环状低聚糖，通常含有 6~12 个吡喃葡萄糖单元。有实用意义的是含 6、7、8 个吡喃葡萄糖单元的 α、β、γ-环糊精，但 α-环糊精空腔较小，γ-环糊精价格昂贵，常用的是 β-环糊精（β-CD）（靳惠，1996），能形成包络化合物，客体分子从宽口端进入其分子空腔。包络物的形成主要靠非共价键相互作用如范德华力、氢键、疏水相互作用、几何形状匹配等。利用环糊精的疏水性空腔结合变性蛋白质多肽链的疏水性位点，可以抑制其相互聚集失活，从而促进肽链正确折叠为活性蛋白质。

模拟 GroEL/GroES 在体内的作用模式，Rozema 和 Gellman 对人工分子伴侣体系（去污剂+环糊精）辅助碳酸酐酶和鸡蛋白溶菌酶复性进行了研究（Rozema et al.，1996）。与分子伴侣 GroEL+ATP 辅助复性的作用机制相似：第一步捕获阶段，在变性蛋白质溶液中加入去污剂，去污剂分子通过疏水相互作用与蛋白质的疏水位点结合形成复合体，抑制肽链间的相互聚集；第二步剥离阶段，加入环糊精，对去污剂分子有竞争性吸附作用，去污剂分子被剥离下来，从而使多肽链在此过程中正确折叠为活性蛋白质。CTAB（CETRIMONIUM BROMIDE），十六烷基三甲基溴化铵，溶于甲醇、乙醇、异丙醇，是良好的非离子表面活性剂，不受溶液 pH 值的影响。采用 CTAB 或 CTAB 与 β-CD 组成的人工分子伴侣均可以显著地提高重组人溶菌酶（rhlys）的复性率；对重组 β-甘露聚糖酶（rMan）体系，单独采用 CTAB 不能辅助其复性，采用 CTAB 与 β-CD 组成的人工分子伴侣则具有明显辅助复性效果（王君等，2005）。

然而，不同蛋白的复性过程不同，特异的复性环境，包括缓冲液的组成、蛋白浓度、温度、pH 等应根据蛋白的不同而异。

一种蛋白质通过透析方法易获得较高的复性产率，而另外一种蛋白质则只能采用稀释，因此对于一个特定的蛋白质，选择何种方法需要反复试验（De，1998）。

三、鸡IL-18对传染性法氏囊病疫苗免疫原性提高的研究进展

（一）传染性法氏囊病概述

传染性法氏囊病（Infectious bursal disease，IBD）是由IBD病毒（IBDV）引起的以鸡淋巴组织，特别是中枢免疫器官-法氏囊为主要特征的传染病（Eterradossi and Saif，2008）。该病主要导致机体免疫抑制，使机体的免疫能力降低和疫苗免疫接种失败。由于各地流行的IBDV毒株的毒力与抗原性的差异，给疫苗毒株的选择造成较大的困难，同一种疫苗在不同地区不同鸡场使用的免疫效果也不尽相同，每年由于IBD免疫失败或免疫抑制造成的经济损失巨大（Van et al.，2000；Muller et al.，2003；Mardassi et al.，2004；Dolz et al.，2005；Yamaguchi et al.，2007）。该病对养禽业经济上的重要性包括两个方面，一方面是使3周龄或更大的雏鸡临床发病或死亡（Tayade et al.，2006；Kim et al.，2004）；另一方面是使2周龄内感染的鸡产生严重的、长期的免疫抑制（Kibenge et al.，1988；Chettle et al.，1989；Berg et al.，1991；Tayade et al.，2006），而后者比前者所造成的危害更大。IBD现已经广泛流行于世界各国的养禽地区，在采取集约化生产家禽的国家尤为严重，给养鸡业造成严重的经济损失。

1957年，首先在美国的特拉华州（Delaw are）的甘布罗镇（Gumboro）附近的一些鸡场发现IBD，故又称甘布罗病（Gumboro disease）（卡尔尼克，1957）。1962年，Cosgrov对此

病又进行了全面的描述（Cosgrone et al.，1962）；同年Winterfield等用鸡胚培养法成功地从患病小鸡中分离到病原并称为“鸡传染性法氏囊因子”（infectious bursal agent）（Winterfield et al.，1962）。1970年正式定名为鸡传染性法氏囊病病毒（infectious burs al disease virus，IBDV）（Hitchner，1970）。自1972年正式报道该病可导致免疫抑制以来，并且抑制其他疫苗（Muller et al.，2003；Tsukamoto et al.，1995），因IBDV主要破坏雏鸡的体液免疫的现象，使之倍受关注。

（二）IBDV的结构和分子生物学特性

IBDV属双RNA毒科的禽双R NA病毒属（Brown et al.，1984）。基因组包括2个片段，有5种病毒蛋白：VP1、VP2、VP3、VP4和VP5。其中VP1由较小的B片段编码，为病毒自身的RNA聚合酶；其他4种病毒蛋白由较大的A片段编码的多聚蛋白加工而成。VP2和VP3是病毒的主要结构蛋白（Martinez et al.，2000；Kumar et al.，2009），构成病毒衣壳，VP4为病毒自身蛋白酶，VP5为病毒的非结构蛋白，与病毒的毒力和复制效率有关（Spies et al.，1990；Bayliss et al.，1990；Birghan et al.，2000；Lombardo et al.，2000）。VP2是病毒的主要保护性抗原（Pitcovski et al.，2003；Rong et al.，2005；Jun et al.，2007；Letzel et al.，2007），具有血清型特异性，已经鉴定的中和表位主要在VP2上，并且多为构象依赖性（Fahey et al.，1989；Bayliss et al.，1991；Heine et al.，1991；Yamaguchi et al.，1996；Cui et al.，2003），这意味着VP2的立体结构对其中和表位的形成至关重要，与病毒中和抗体的诱导、抗原和毒力的变异以及细胞凋亡的诱导等有关（Calnek et al.，1999；Muller et al.，2003；刘红梅等，2006；祁小乐等，2008）。VP2的高变区是病毒中和性单抗的结合必需区，该区的点突变是IBDV抗原漂移、毒力变异进而造成经典疫苗株免疫失败的主要原因(Jackwood etal.，2001；Jackwood et al.，2005；Jackwood et al.，2008)。

(三) IBD 的免疫

IBDV 感染性非常强而且不易灭活。因此，尽管鸡场有着良好的卫生状况和严格的消毒制度，但采取消毒和隔离措施来控制本病不易达到目的，仍需对刚出生的雏鸡进行免疫。为使雏鸡具备较高的母源抗体水平，需要对产蛋鸡进行油乳化疫苗的免疫，雏鸡用活苗免疫。免疫的时间非常重要，因为存在幼鸡体内的母源抗体可以干扰中和疫苗。因为同一鸡群抗体水平参差不齐，二次免疫必不可少。而且，若是用高度灭活的疫苗来免疫，那么会对 vvIBDV 造成免疫失效；如果用灭活强度弱的疫苗免疫，会造成法氏囊的损害，产生免疫抑制，使机体免疫力下降。

常用的疫苗有灭活疫苗和活疫苗。灭活苗主要有囊毒、细胞毒、鸡胚毒佐剂灭活疫苗；弱毒疫苗按毒力大小分为高毒型、中毒型、温和或低毒型。传统的弱毒疫苗通常可提供终生的免疫保护，但总的评价不理想。选择 IBD 活疫苗时既要考虑产生足够的免疫力保护鸡群不发生 IBD，又考虑 IBD 活疫苗毒株不伤害法氏囊组织，避免疫苗产生免疫抑制现象。能用单价苗就不用多价苗，能用弱毒苗就不用强毒苗，达到疫苗免疫与保护效果的平衡与统一。另外，灭活疫苗与活疫苗的配套使用也是很重要的。灭活疫苗对种鸡的免疫直接影响着活疫苗对雏鸡的免疫。目前，使用的常规弱毒疫苗和灭活疫苗，其安全性和制造工艺仍存在许多不足，如：为预防变异毒株而采用中强毒力活疫苗存在着较大的生物安全问题，因为在不同 IBDV 毒株之间潜在着基因重配的可能，给该病的防控带来隐患；灭活疫苗存在着抗原制备的困难；1986 年以后，由于超强毒株的出现，使 IB 的流行出现了一些新的特点，使得IBD的防制而临新的困难。目前，IBDV变异株、超强毒株的出现给该病的防制带来巨大困难，常规的低毒、中等毒力和毒力稍强的疫苗难以有效地控制该病，迫切需要研制开发新型疫苗。近年来相继出现了活病毒疫苗、DNA疫苗、亚单位疫苗、高压失活疫苗和转基因植物疫苗等。根据商品肉仔鸡饲养户的饲养规模、技术水平、文化素质不一致的特点，主要推荐用IBD活疫苗的饮水免疫和滴口免疫两种。饮水免疫要求配制疫苗过程中绝不能用各种金属容器，连同雏鸡用的饮水器都应当是无毒塑料制品。对接种人员技术水平要求也较高，适用于技术水平高、管理严格的养鸡户；而滴口免疫对技术要求不高，只要按要求操作，免疫效果确实，但该方法费时费力，适用于新养鸡户或管理水平不高的养殖户。对于免疫程序，由于母源抗体、健康状况、饲养管理等条件的不同，因此没有一个通用的模式，往往在生产实际中视具体情况而定。

（四）亚单位疫苗的研制

目前IBD基因工程疫苗研究主要是以VP2为目的基因，采用的表达系统包括：大肠杆菌（Azad et al.，1986）、酵母（Macreadie et al.，1990）、杆状病毒表达载体（Snyder et al.，1994）、核酸疫苗（Fodor et al.，1999）、鸡痘病毒载体（Shaw et al.，2000）以及多表位疫苗（Wang et al.，2007）等。

Vakharia等以杆状病毒表达系统在昆虫细胞中表达了IBDV变异株GLS的大片段，免疫SPF后能产生抗病毒中和性抗体，79%免疫鸡可获得保护（Vakharia et al.，1994）。Dybing等也证明以重组VP2和VP2/VP4/VP3病毒免疫鸡，能抵抗IBDV标准株STC的攻击，虽然法氏囊仍遭到损害，但攻毒鸡不出现临床症状和死亡（Dybing et al.，1996）。裴建武用杆状病毒作载体在昆虫细胞表达了IBDVCJ-801bkf株VP2 cDNA片段，免疫SPF

雏鸡可提供部分保护（裴建武等，1996）。于涟等在克隆了 IBDV 的 HV96 株 VP2 基因的基础上，首次利用家蚕杆状病毒表达系统在家蚕细胞和幼虫中高效表达了 VP2 蛋白，动物实验初步证实含有重组病毒的蚕血注射或口服可保护 IBDV 强砾株对非免疫雏鸡的攻击（于涟等，2000）。此外，卢觅佳等以家蚕为生物反应器，首次用家蚕幼虫表达了 IBDV 多聚蛋白（卢觅佳等，2004）。王笑梅等将 VP2 基因克隆到 p PICZA 载体上构建 p PICVP2 质粒，转染酵母，经甲醇诱导，测得表达蛋白占酵母总蛋白的 16%，表达量为 0. 6028g/L 表达产物免疫 SPF 鸡可以保护鸡群免受强毒攻击，具有一定的免疫原性，但还不能保护法氏囊组织免受损害，效果不如常规灭活苗。以色列的 Jaeob P 等最近报道用酵母表达系统生产的亚单位疫苗能有效保护鸡免受 IBlDV 的感染，他们将 VP2 基因在 Piehia pastoris 表达系统中表达，为养禽业提供廉价的亚单位疫苗。

四、鸡 IL-18 对禽流感免疫原性提高的研究进展

（一）禽流感概述

禽流感（Avina Influenza，AI），又称真性鸡瘟，是由 A 型流感病毒引起的一种禽类病毒性传染病。常表现为亚临床诊感染、呼吸系统疾病、产蛋量降低或急性全身致死性疾病，主要侵害鸡、火鸡、等多种家禽及野禽，但对家养的火鸡和鸡引起的危害最为严重。1878 年，本病在意大利的鸡群中首次发现，现在该病几乎遍布世界各地（Liu et al，2003；Li et al，2005；Choi et al，2004；Lee et al，2006），对世界养禽业的发展，以及人类健康都形成了一定的威胁，我国《家畜家禽防疫条例》和国际兽疫局动物流行病组织（OIE）规定该病为 A 类烈性传染病。现为

须通报的疾病。而 1997 年一株禽流感 H5N1 病毒在香港直接从禽传染给人造成 18 人感染，6 人死亡的事件更是提供了由禽流感造成人流感流行威胁的有力证据。事实上，同时含有禽流感和人流感基因的重组病毒正是造成人类流感不断流行的主要原因。加强对禽流感的预防和控制同时具有预防疾病学和人类公共卫生学双重意义。

禽流感由于条件的不同（比如毒株毒力、畜禽品种、年龄、性别、环境因素、饲养状况及有无并发症等），其症状差异很大。但一般说来，没有特征性的症状。高致病性禽流感（High Pathogenic Avian Influenza，HPAI）主要是 H5、H7 或 H9 亚型引起的（Claas et al.，2003；Fouchier et al.，2004），其主要特征是大群呈现极高的感染率、发病率和死亡率，死亡率最高可达 100%。潜伏期从几小时到几十小时不等，常表现为突然发病，且症状严重，表现为体温升高且高烧不退，最高可达 43℃。食欲废绝，精神高度沉郁，产蛋率急剧下降至停产。在很短时间内发生大批死亡。组织病变主要是多个内脏器官的出血。而低致病性禽流感（Low Pathogenic Avian Influenza，LPAI）潜伏期从十几小时到几天不等，流行的主要症状为：大群鸡呈现体温升高、饮食欲下降、生长发育受阻，产蛋率大幅度下降，死亡率无明显升高。主要表现为呼吸道、消化道、生殖道以及全身症状。咳嗽、打喷嚏、啰音、流泪、头脸部水肿、皮肤发绀、神经紊乱和腹泻，产蛋率、受精率及孵化率下降。最常见的大体病变是卵巢退化，出血和卵子破裂，内脏尿酸盐沉积，肾脏肿大，肝脏坏死，肺炎、肠炎及气囊炎、输卵管炎等。发病禽群通常有很高的感染率和发病率，但只出现零星死亡。值得一提的是，如果是幼禽发病，呼吸道症状较明显，发病率高，死亡率与并发感染密切相关，可达 5%-30%。因品种、饲养管理方式等因素的不同，商品肉鸡往往比蛋鸡发病更严重、死亡率更高。

（二）AI在世界范围内的流行

1878年Perroncito首次报道了意大利鸡群暴发了一种严重疾病，当时称为鸡瘟。1955年，Schafer证实鸡瘟病毒实际上就是A型流感病毒。进入20世纪以来，由低毒力AIV引起的温和型AI不断发生；高致病性禽流感的大面积暴发及流行也有十余次，如：苏格兰H5N1（1959），英国H7N3（1967），澳大利亚H7N7（1975），英国H5N2（1979），冰岛H5N8（1983），美国H5N2（1983-1984），美国H7N7（1985），冰岛H5N1（1991），澳大利亚H7N7（1975、1985、1995），巴基斯坦H7N3（1994），墨西哥H5N2（1995），中国香港H5N1（1997、2001），荷兰H7N7（2003），以及2004年1月发生的席卷韩国、日本、越南等高致病性禽流感（H5N1）。

（三）AI对其他动物甚至人类的影响

近年来随着H5N1亚型禽流感的频繁发生（Belshe，2005；Peiris et al.，2007；WHO，2007），呈地方流行性（Gilbert et al.，2007；Hulse - Post et al.，2005；Songserm et al.，2006；Sturm-Ramirez et al.，2005），该病毒呈现变异加快、宿主范围不断扩大的趋势（Rinder et al.，2007；Starick et al.，2007；Weber et al.，2007；Harder et al.，2009；Gambotto et al.，2008）。目前为止，已感染H5N1亚型禽流感病毒（AIV）的动物有鹌鹑（Guo et al.，2000）、鸵鸟（张勇等，2008）、鸭（Hinshaw et al，1984）、棕榈猫、印支缟狸、家猫（Kuiken et al.，2004）、雪貂、虎（杨松涛等，2006）、豹、豚鼠（Lowen et al.，2006）、猪（Brown et al，1993）、蚊子（Barbazan et al.，2008）等，更为严峻的是人（Shinya et al.，2006；Tellier，2006；Brankston et al.，2007；Nicholls et al.，2007）。

1997年，香港流浮山的3个鸡场的4500只鸡突然死亡，根据病料分离鉴定结果，证明为H5N1亚型流感病毒感染。5月21日，一名3岁儿童死于雷耶氏综合征及肺炎并发症，从其气管分泌物中，分离到了H5N1亚型禽流感强毒株，所分离的毒株被命名为A/HongKong/156/97（H5N1）。至1998年2月11日，共有18人确诊感染了H5N1并且发病，其中6人死亡，12人康复。这一事件虽然仅仅只有几个月，却给人类带来了巨大而且是深远的影响。禽流感病毒首次感染人类并致人死亡。其后，1999年3月，香港卫生署从2个生病儿童身上分离到了H9N2亚型禽流感病毒，说明不仅高致病力毒株可以使人感染，中等毒力的毒株也会感染人，使人发病（Subbarao et al.，1998；Claas et al.，1998）。目前防止流感流行的最经济有效手段是疫苗接种，因此人禽流感疫苗的研制一直是近年来人们关注的焦点之一（Subbarao et al.，2007；Chen et al.，2008；Rao et al.，2008）。2003年3月，荷兰暴发了大规模的H7N7禽流感。其间共有80余人感染了禽流感病毒，其中一名57岁的荷兰兽医在对病鸡进行检验时感染病毒，并死于禽流感引起的肺炎并发症。此后，H7N7型禽流感在整个欧洲蔓延开来，与荷兰相邻的比利时和德国也出现了禽流感病毒感染人的病例。2003年末至2004年初的东南亚禽流感中，共有60多人证实或怀疑感染H5N1病毒，泰国、越南已有30人死亡，其中15人确诊为高致病力禽流感病毒H5N1感染并引起死亡（截止到2月10日）。

一般认为禽流感病毒是人流感病毒发生变异的新基因的来源，这种联系是通过种间宿主（如猪、马等哺乳动物）来实现的。流感病毒的宿主范围大多取决于HA蛋白，病毒的感染需要细胞膜上特异性结合位点，人类与禽类细胞膜上的结合位点有很大不同，而猪等哺乳动物的种间障碍较低，猪体内存在人和禽流感病毒的两种受体，人与禽流感病毒均可感染猪，禽流感病毒在猪等哺乳动物这些中间宿主中与人流感病毒杂交，从而获得人类细胞特异性的受体结合位点，形成了人类流感的新毒株，火鸡和鸭的H1N1病毒可能参与中间传播。在欧洲，自1979年以来，禽H1N1和人H3N2病毒在猪中共同感染，并且最终在宿主体内发生重组，产生了一个HA和NA来自于人H3N2，而其他基因来自于禽H1N1的杂交病毒。这个病毒在荷兰又传染给了儿童，表明人和禽病毒在猪中产生的重组株可以重新感染人。

人高致病性禽流感病毒不仅可以感染禽类造成严重经济损失，而且可以感染人群，引起严重呼吸道症状和高达50%以上的病死率（Gambotto et al.，2008；Shu et al.，2006；Subbarao et al.，2007）。人禽流感病毒在不同鸟禽间广泛存在并可能在突变重排后跨种属传播，其通过人-人传播而引起大流行的风险尚不能排除（Subbarao et al.，2007）。1979年在欧洲猪群中发现类禽（Avian-like）H1N1亚型猪流感病毒（Swine in fluenza virus，SIV），遗传分析表明，其所有基因片段均为禽源，尤其与鸭体内分离到的H1N1流感病毒关系最密切，表明H1N1亚型禽流感病毒（Avian in fluenza virus，AIV）可以直接感染猪。

（四）AIV的分子病毒学

禽流感病毒（Avian influenza virus，AIV）和其他流感病毒都属于正粘病毒科（orthornyxomridae family），流感病毒属。流感病毒是一种负链分节段的RNA病毒，分8个基因片段共编码10个与病毒结构和功能有关的蛋白质。根据囊膜表面的HA和NA抗原性的差异将AIV分为不同的亚型。目前已经分离到15种特异的HA抗原（记做Hl，H2，H3…H15）和9种不同的NA抗原（记做N1，N2，N3…N9）（Alexander，2000）。研究表明，HA是体液免疫的关键靶抗原，NP是细胞免疫的免疫原，以HA糖蛋白研制的亚单位疫苗能对同一亚型的病毒攻击产生良好的免

疫保护性，而以 NP 研制的亚单位疫苗则可产生型特异性的免疫反应，但对病毒攻击却不能产生良好的保护作用。说明 HA 诱导的体液免疫反应起到了决定性的保护作用。

血凝素（Hemagglutinin，HA）为流感病毒囊膜纤突的主要成分之一。HA 为杆球形蛋白分子，分子量为 75kD，为 I 型糖蛋白。可水解成两个独立的肽链，两个多肽由二硫键连接在一起。HA 可以直接通过血凝反应检测，其相应抗体可用血凝抑制、中和试验、补体结合反应和 ELISA 方法来检测。A 型流感病毒的 HA 由 RNA 片段 4 编码，是典型的 I 型糖蛋白，含有 4 个结构域：信号肽（前导序列）、胞浆域、跨膜域和胞外域。免疫学和生物学方法的研究表明，HA 在细胞内质网合成。合成后由内质网运送到高尔基复合体，最后到达细胞膜，嵌入细胞膜的脂质双层，在病毒出芽释放时被带到病毒囊膜上。HA 在运送过程中经过不断的修饰，修饰的位置随毒株不同而有区别。形成的单体 HA 分布在内质网膜上，在向高尔基体运送过程中；由二硫键连接并折叠成一定的形状，随后形成三聚体，由高尔基体运送到细胞膜。HA 产生后还要经过几个切割加工过程，包括 N 端信号肽的切除以及 HA1 和 HA2 的产生，才能发挥作用。N 端的信号肽约由 16 个氨基酸残基组成，其作用是识别内质网膜。HA 合成后由信号肽酶将这一短肽切除，因此成熟的 HA 不含信号肽。另一个加工过程是将 HA 切割成两条多肽链，产生 HA1 和 HA2，靠近前导序列 N 端的 328 个氨基酸为 HA1，C 端 221 个氨基酸为 HA2，分子量分别为 36kD 和 27kD，两者通过 HA1 的 14 位上和 HA2 的 137 位上的半胱氨酸之间形成一条二硫键以及其他共价键相互连接，再加上分子内的一些二硫键以及其他非共价键的相互作用，使 HA 形成一定的立体结构。

禽流感病毒通过 HA 蛋白识别、吸附宿主细胞是其致病的前提，否则病毒就不能侵入细胞内大量增殖，损伤组织细胞，导致感染发生。如能在呼吸道粘膜表面诱导抗体产生则可阻断病毒对细胞的吸附和侵入，即理想的抗体作用靶位是HA蛋白。

（五）HA的生物学功能

1. 介导病毒的吸附和穿膜

血凝素蛋白在病毒吸附和穿膜过程中起关键作用。HA纤突是由3个HA单体聚合在一起形成的三聚体，其顶端膨大的球形体内含有靶细胞膜上唾液酸糖脂或唾液酸糖蛋白受体结合位点RBS。组成RBS的氨基酸很保守，并且这些氨基酸侧链按一定的规则排列，使之能与靶细胞受体直接接触。HA蛋白吸附于靶细胞膜后，被蛋白酶水解为HA1和HA2两条多肽链是病毒造成感染的先决条件。HA1链具有与宿主细胞受体特异性结合的特性，HA2链N端含有融合序列（N-Gly-Leu-Phe-Gly-Ala-Ile-Ala-Gly-Phe-Ile-Glu -Gly-Gly-），是参与细胞膜融合的重要亚单位。即AIV通过其血凝素球部中的RBS与靶细胞膜上相应受体结合后，HA结构重排，带有融合序列的HA2链暴露出来并与细胞质膜发生融合，病毒基因组穿入细胞内，病毒复制开始（Katz et al.，2000）。

2. 免疫保护作用

HA蛋白也是AIV中最重要的保护性抗原。它不仅可刺激机体产生保护性抗体，而且可诱导产生细胞毒作用，对同一亚型病毒的攻击产生良好的保护力（Shantba et al.，1999）。AlanR等人分别以重组HA1、HA2蛋白免疫大白鼠，用ELISA实验检测免疫鼠的抗血清，结果表明HA1和HA2重组蛋白均能够刺激机体产生中和抗体，HA1蛋白的免疫原性优于HA2蛋白，在HA1蛋白分子表面至少存在4个抗原表位。此外，用纯化的HA蛋白免疫小鼠制备的单克隆抗体大部分是针对HA1蛋白的。因而，HA1蛋白和HA1单克隆抗体已被作为检测AIV感染的诊断抗原

和抗体，HA 蛋白或 HA1 蛋白是研制基因工程亚单位苗的理想候选抗原。

3. **影响病毒的毒力**

AIV 毒力是各基因产物共同作用的结果，但 HA 蛋白在其中起着最为重要的作用。HA 蛋白能否被水解为 HA1 和 HA2 是 AIV 感染细胞的先决条件，而裂解位点的氨基酸序列决定着病毒毒力。通过对多株禽流感病毒 HA 核苷酸序列和氨基酸序列的比较分析，HA 蛋白裂解位点的氨基酸序列决定着病毒的组织嗜性及其毒力，一般高致病力禽流感病毒株在裂解位点附近有连续 4 个以上碱性氨基酸，而低致病力禽流感病毒株在裂解位点附近只有一个碱性氨基酸（Wood et al.，1993；Sene et al.，1996）。

（六）AI 的免疫

疫苗的使用是控制禽流感的主要手段。目前实际应用中仍以禽流感全病毒灭活疫苗为主，但由于其潜在的缺点使得人们将目光转向其他类型疫苗的研制（陈全姣等，2004）。疫苗在种类上已由原有的经典疫苗发展出被誉为疫苗史上“第二次革命”的重组疫苗以及“第三次革命”的核酸疫苗——基因工程疫苗（Scarselli et al.，2005；Subbarao et al.，2007；Wack et al.，2005；David et al.，2005）。禽流感不断发生变异（赵荣乐等，2002），HA 变异是其主要原因（Karen et al.，2001）。理想的流感疫苗应该在接种后不仅可以为接种对象提供针对同型毒株攻击的有效保护，而且可产生广谱免疫应答，从而可能保护潜在变异的或异型流感毒株攻击（Brown et al.，2009）。

（七）亚单位疫苗的研制

近年来，关于流感病毒的的研究主要集中在病原学、临床诊断及预防治疗等方面（Li et al，2003；Ong et al，2007；Pereda et al，2008；Xing et al，2008）。亚单位疫苗是目前比较快速发展的生物制品，可以提供基因免疫。亚单位疫苗有许多优点，如：不限转基因容量、克隆化、细胞毒性低、廉价、快速大批量生产还有能够产生体液免疫和细胞免疫等（Laddy et al.，2006；Liu et al.，2005；O’Hagan et al.，2003）。但是也有很多研究表明，DNA疫苗与传统疫苗相比还有未解决的缺点，如：地表达水平、转染率、靶专一性及低的免疫效应等（Arulkanthan et al.，1999；Wang et al.，1999；Cavazzana-Calvo et al.，2002）。陈化兰等1997年用SV40启动子构建了H7N1型HA基因表达质粒，能达到抗AIV感染的功效，使用低剂量表达质粒也能产生有效的免疫保护作用（陈化兰等，1997；陈化兰等，1998；Johansson et al.，1999；Kodihalli et al.，2000；Webster et al.，1996）。

以往人们采用传统的蛋白分离纯化技术提纯HA蛋白，费时费力，含量低，不足以诱导机体产生较强的免疫应答，因而HA亚单位疫苗难以应用于临床。20世纪80年代后期随着基因工程技术的迅速发展，利用重组DNA技术将HA基因连接到质粒载体上构建重组质粒，然后导入表达系统中进行大量表达，使HA蛋白基因工程亚单位苗的研制成为现实。如1994年Bethanie和Wickinson等利用杆状病毒表达系统生产H5、H7的重组HA佐剂疫苗，免疫1日龄仔鸡，对重组佐剂疫苗接种组攻击禽流感强毒株，结果所有的鸡都不发病，而未免疫组攻毒后全部死亡。我国也已研制出H5亚型HA和神经氨酸酶NA重组亚单位疫苗，初步动物实验结果显示具有良好的免疫保护作用。近年来随着基因工程技术的快速发展，人们开始应用大肠杆菌原核表达系统、真核细胞表达系统（Heilie et al.，1995；Rosalia et al.，2002）、酵母菌表达系统（Xavier et al.，1999），昆虫杆状病毒或痘病毒表达系统（Ohuchi et al.，1994；Itamura et al.，1990；Brun et

al.，2008）获得大量纯度高、特异性强的病毒保护性抗原（HA 蛋白、HA1 蛋白等）用于其生物学功能的研究和单克隆抗体的制备。

HA 重组活载体疫苗是利用对禽类致病性很弱的病毒作载体，构建表达 HA 蛋白的重组病毒，以重组病毒为疫苗注射到体内，重组病毒可在体内复制的同时不断表达血凝素蛋白，从而诱导机体产生免疫应答而达到免疫保护作用。Swayne 等研究表明，表达/Turkey/Ireland/1378/83（H5N3）HA 基因的重组鸡痘病毒免疫鸡，可抵御 H5 亚型 HPAIV 的攻击（Swayne et al.，2000）。贾立军等成功研制出表达 HA 抗原的重组禽痘病毒疫苗，该重组病毒具有良好遗传稳定性，免疫后的 SPF 鸡均能抵御了 H5 亚型毒株的致死性攻击，保护率为 100%。

五、鸡 IL-18 在杆状病毒表达系统中表达的研究进展

杆状病毒是已知昆虫病毒中的最大类群，是发现最早、研究最多且实用意义最大的昆虫病毒。昆虫杆状病毒表达载体系统（baculovirus expression vector system，BEVS）自 20 世纪 80 年代初问世以来（Smith and Summer，1983；Maeda et al.，1984），由于其具有超高效表达能力、安全、易操作等特点，已成为生产与研究各种原核、真核蛋白的有力而普及的工具。应用杆状病毒表达载体系统在昆虫细胞内已成功表达了大量的外源基因，几乎覆盖了人、动物、植物和微生物的所有有研究和开发价值的基因。

（一）杆状病毒的细胞病理效应

AcNPV 感染培养细胞后可产生典型的细胞病理效应。感染初期细胞无外部形态变化，然而，与病毒 DNA 复制的同时，宿

主细胞膨胀变圆，核逐渐增大，核仁消失，在核的中央部位出现丝粒状结构（fibrogranular structure），即病毒发生基质（virogenic stroma，VS），病毒 DNA 就在此结构内复制。宿主染色质转移分散到核周边，留下一个独特空旷的环状区（又称环状带，ring zone）围绕病毒发生基质，核衣壳就在这里装配（Volkman and Keddie，1990）。CRV 粒子首先形成，通过细胞的质膜出芽而成熟，当感染进一步发展，在核内出现许多新形成的膜，核衣壳与这些膜相连并被紧密地包裹在这些囊膜内，最后多角体蛋白沿着核内获得囊膜的 PDV 成熟粒子逐渐沉积、浓缩、结晶，形成多角体。

（二）杆状病毒表达载体的分类

杆状病毒基因组较大，插入 10 Kb 以上的外源 DNA 片段不会影响病毒的正常复制。因此可以利用两个或两个以上的杆状病毒蛋白基因的强启动子构建成多元转移载体，形成的多元表达载体（multiple expression vector）在昆虫细胞中可以表达两种或更多的外源蛋白。多元载体可以用来构建带有选择标记的重组转移载体，以便于重组病毒的分离纯化（Weyer et al.，1990）。还可以用来同时表达两个或多个外源基因，一方面可以提高工作效率，另一方面在昆虫细胞内表达的多肽可以正确装配成功能性的蛋白。如用多元载体表达某些病毒的多个衣壳蛋白基因，表达的蛋白可在昆虫细胞内装配成不具感染性的空壳病毒作为脊椎动物的灭活疫苗，在疫病的防制方面具有很大的应用潜力。目前，已构建成功许多多元表达转移载体，且已商品化。其中 pFast Bac™ Dual（GIBCO，BRL）转移载体含有 polh 启动子和 p10 启动子，各以 SV40、多腺苷酸信号，可以表达两种外源基因。

（三）杆状病毒表达载体的构建

本研究选用的杆状病毒载体是1993年Luckow等利用噬菌体复制子构建的新型AcMNV载体系统，采用的是晚期基因增强启动子，即多角体蛋白基因ph启动子和p10基因启动子，它们可以高效表达目的蛋白。该系统分Bacmid穿梭载体、供体质粒和辅助质粒三部分。Bac-to-Bac表达系统是由转座子介导的杆状病毒重组系统。该系统中，卡那霉素抗性基因、Tn7基因转座子靶位点attTn7、来源于PUC质粒的LacZ肽段编码基因以及mini-F复制子被克隆进AcMNPV多角体蛋白基因位点，这种经过修饰的AcMNPV称之为Bacmid。Bavmid作为穿梭载体，既可感染鳞翅目昆虫，又可以在E. coli中复制。供体质粒为pFastBac；携带有外源目的基因，辅助质粒编码转座酶，供体质粒中的外源基因在转座酶作用下，插入到Bacmid中，干扰了LacZ的表达，这样可以通过细菌菌落蓝白筛选重组Bacmid质粒DNA。再将重组的Bacmid质粒DNA转染昆虫细胞即可获得重组病毒。本研究选用杆状病毒的pFastBacDual供体质粒，它拥有相互间具有一定竞争性的双启动子（ph启动了和p10启动了），可同时大量表达两个目的基因。双表达的蛋白能够保持各自独立的活性（Gatehouse et al.，2008；Hu et al.，2006）。

polh启动子：首批构建的杆状病毒转移载体都是采用polh启动子。polh基因是高效表达的晚晚期基因，有一个强有力的启动子，同时对病毒的侵入和复制均是非必需的；多角体蛋白在晚期大量表达，约占感染细胞总蛋白的25%以上（Miller，1988）或占晚期表达的50%以上（Luckow，1988）；多角体蛋白基因缺失突变株感染培养细胞后，产生无包涵体（occ^-）的空斑，其形态与野生型病毒的有多角体（occ^+）的空斑有明显的区别，因而易于重组病毒的筛选。这三个特点对外源基因的高效表达非常有用，使得该基因启动子在构建杆状病毒转移载体中成为第一个候选者。

p10启动子：与polh基因一样，p10基因也是高效的晚期表达基因，并且不是病毒复制所必需的，所以p10启动子也可用于构建杆状病毒转移载体。Vlak等（1988）和张耀洲等（1992）已利用AcNPV和BmNPV p10启动子构建了转移载体，产生的重组病毒不仅能高效表达外源基因，而且能产生多角体，为生产适用于大田治虫的基因工程杆状病毒杀虫剂，提供了新的途径。但由于p10蛋白可能与细胞溶解、多角体装配、多角体膜形成以及多角体稳定性有关，故外源基因插入p10编码序列后的重组病毒所产生的多角体在形态上有些不正常，显示一定程度的不稳定性。Weyer等（1990）借p10启动子的重复避免了因病毒基因组缺失产生的不良影响。由于p10基因表达的10K的蛋白无可识别的表型，不便于重组病毒的筛选，因此在构建p10基因转移载体时，最好能插入一个标记基因，如lac基因，以便筛选。p10启动子在不同位置均可以表现出功能，适合于作为双启动子载体中的标记基因启动子。

利用双元表达载体在昆虫细胞内表达抗体的轻链与重链，它们可在昆虫细胞内装配成有生物功能的抗体球蛋白（Reis et al. 1992）。

（四）重组杆状病毒的构建和筛选

重组杆状病毒的构建是在重组杆状病毒转移载体构建以后，与野生型病毒基因组DNA共转染（co-transfection）昆虫细胞，在细胞内通过同源重组，外源基因取代polh基因抽入杆状病毒基因组，产生重组杆状病毒（recombinant baculovirus）。然后根据野生型病毒有包涵体（occ^+）和重组杆状病毒无包涵体（occ^-）的表型，通过空斑测定方法（plaque assay），经一轮或

多轮进行空斑纯化来分离纯化重组病毒。

（五）杆状病毒表达载体系统的优越性

昆虫杆状病毒表达载体系统自 20 世纪 80 年代初问世以来（Maeda et al.，1984），因具有许多独特优点已得到了广泛应用。是当今基因工程四大表达系统之一，与细菌、酵母、哺乳动物细胞表达系统相比，昆虫杆状病毒表达系统至少具有以下优点：由于杆状病毒基因组在核衣壳重大包装和在多角体蛋白中的包埋是可以大幅度延伸的，因此杆状病毒载体的克隆容量很高，可以容纳约 100Kb 左右的外源 DNA 片段，且不影响病毒的正常复制；应用晚期多角体蛋白启动子表达外源基因，即使外源基因产物对细胞有毒性，也不影响表达水平。因为在外源基因表达之前，大部分病毒与宿主基因已被关闭，病毒已完成复制过程并释放出大量成熟的子代毒粒；借多元载体或用几个不同重组病毒感染昆虫细胞可表达 2 个或更多个外源蛋白，研究蛋白质大分子装配以及蛋白寡聚体的结构和功能；重组杆状病毒除在昆虫细胞系中体外表达外源基因外，还能感染昆虫活体，在昆虫体内高效产生外源蛋白；杆状病毒对脊椎动物无病原性，也不能在脊椎动物细胞内复制、表达，更不能把其基因整合到脊椎动物细胞染色体内，因此重组杆状病毒可以被认为遗传学上是安全的表达载体；外源基因因插入多角体蛋白基因的座位引起后者的缺失或灭活，因此重组病毒不产生包涵体，这不仅为重组病毒选择提供了标记，而且重组不能像野生型病毒那样在环境中长期存在，所以更安全；多角体蛋白与 p10 基因都是病毒基因组内非必需片段，两者的启动子均很强，这既为外源基因提供了插入位置，又可高水平地表达外源基因，因此，在某些场合 BEVS 被称为超高效表达系统；昆虫细胞作为真核细胞能完成外源蛋白一系列转译后加工修饰，其中包括糖苷化作用、脂肪酸酰基化作用（豆蔻酸化、转酯酰化及戊二烯酰化作用)、羚基末端 α-酰氨化作用以及磷酸化作用，这些翻译后加工，是赋予外源基因产物以生物活性所必需的。当然这一优势是对原核表达系统而言的，因为这是所有高等真核表达系统共有的。

第一章　ChIL-18原核表达蛋白复性研究

第一节　不同复性方法对 rChIL-18 原核表达蛋白复性率和生物学活性的影响

白细胞介素 18（interleukin-18，IL-18）也称为 γ 干扰素（IFN-γ）诱导因子（interferon γ-inducing factor，IGIF），是 Okamura 等首次从小鼠肝脏中克隆获得的，它具有增加 FasL 的表达以及增强 NK 细胞毒性作用等多种生物学效能，在免疫调节、抗感染及慢性炎症性疾病发病过程中起着重要作用。本实验室对于鸡 IL-18 成熟蛋白基因已经构建了其原核表达质粒 pGEX-mChIL-18。该质粒在大肠杆菌中是以包涵体的形式高效表达，然而包涵体是无活性固体颗粒，所以必须经过蛋白质复性使其变成有活性的蛋白，而利用分子伴侣协助蛋白质复性正成为该领域的新热点。分子伴侣是指能够结合和稳定另外一种蛋白质的不稳定构象，并能通过有控制的结合和释放，促进新生多肽链的折叠、多聚体的装配或降解及细胞器蛋白的跨膜运输的一类蛋白质。最近几年的研究发现，表面活性剂和环糊精的联合作用也具有促进蛋白质复性的效果，且表面活性剂和环糊精系统作用机制类似于分子伴侣 GroEL，因此称其为人工分子伴侣复性系统。所以该试验探讨了利用人工分子伴侣方法辅助鸡 IL-18 重组蛋白复性的可行性。

一、材料

（一）质粒、受体菌及动物

鸡IL-18成熟蛋白基因重组原核表达质粒（pGEX-mChIL-18）、*E. coli* BL21由本实验室保存，SPF青年鸡购自济南赛斯家禽科技有限公司。

（二）主要试剂

二硫苏糖醇（DTT）购自Bioshorp公司；还原型谷胱甘肽（GSH）、氧化型谷胱甘肽（GSSG）均购自Roche公司；RPMI1640细胞培养液购自Gibco公司；透析袋购自Solarbio公司；刀豆蛋白A（ConA）购自Sigma公司；IPTG购自大连TakaRa生物工程公司；十六烷基三甲基溴化铵（CTAB）购自南京旋光科技有限公司；β-环糊精购自成都科龙化工试剂厂；淋巴细胞分离液购自上海恒信化学试剂有限公司；其余化学试剂均为分析纯。

（三）主要仪器及设备

高速离心机：上海安亭科学仪器公司；酶标仪：Multiskan © MK3酶标仪，热电（上海）仪器有限公司；PCR仪：德国Eppendorf公司；超声波裂解仪：Soniprep150型，日本SANYO公司生产；小型空气浴精密恒温摇床：DHZ-031型，上海申能博彩生物科技有限公司。

二、方法

（一）重组鸡白细胞介素 18（rChIL-18）融合蛋白的诱导与表达

制备 *E. coli* BL21 感受态细胞，取 2μL 阳性表达质粒 pGEX-mChIL-18 转化感受态细胞，涂布于含氨苄青霉素（Amp，100mg/L）LB 平板上，37℃培养过夜（不要超过 16h）。挑取单菌落摇菌提取质粒做 PCR 和双酶切鉴定，所用的酶为 *Eco*R Ⅰ 和 *Sal* Ⅰ。然后挑取独立的阳性单菌落，接入 2mL 含 Amp 的 2×YT 培养液（Tryptone 16g/L，Yeast extract 10g/L，NaCL 5g/L，Amp 100mg/L，pH7.2）中，37℃振摇过夜；次日按 1%比例转种于 25mL 2×YT 培养液中，继续在 37℃摇床上培养至 $A_{600}=0.6$ 时，加入 IPTG 至终浓度为 0.2mmol/L，进行诱导，并设 GST 空载体对照，继续在 37℃振摇培养 4 h 后，取部分进行 SDS-PAGE 分析。

（二）rChIL-18 融合蛋白包涵体的分离与溶解

取经 SDS-PAGE 分析表达量高的诱导菌液 20mL 经 5 000r/min 离心 10min 收集菌体，加入 TE 2 mL 混匀，冰浴下超声波破碎，功率 450W，超声 30s，间隔 30s，超声 30 次。取菌液革兰氏染色镜检是否破碎完全。8 000r/min 离心 10min，取沉淀，加入含 10g/LTriton-X100 的 TE 2mL，充分混匀，室温放置 30min（该过程中应多次的混匀）。8 000r/min 离心 10min，取沉淀，加入含 10g/LTriton-X100 的 TE 2mL，冰浴下超声波洗涤包涵体，功率 450W，超声 30 s，间隔 30 s，超声 10 次。8 000r/min 离心 10min，取沉淀。

（三）rChIL-18融合蛋白包涵体的变性

向上述沉淀中加入6mol/L盐酸胍（含有30mmol/L DTT和0.1mol/L的Tris-base，pH值8.0）至沉淀全部溶解为止，然后置于37℃、120r/min的摇床中反应1h，使蛋白彻底变性和还原。

（四）rChIL-18融合蛋白的复性

分别用人工分子伴侣辅助复性法、盐酸胍-去离子水透析法和盐酸胍-谷胱甘肽复性法对rChIL-18融合蛋白进行复性。

1. 人工分子伴侣辅助复性法

该过程均在37℃ 120r/min的摇床中进行，空白复性液为pH8.0，0.1mol/L Tris-base含4.78mmol/L的GSH、0.478mmol/L的GSSG及1.195mmol/L的EDTA。用空白复性液配置含有指定浓度复性助剂的复性液并用于复性。将变性后的蛋白溶液与指定体积的含20mmol/LCTAB的复性液混合（将蛋白溶液逐滴加入CTAB中），在恒温摇床中作用15min，然后向其中加入定量空白复性液混匀，再次在恒温摇床作用15min后加入适量含15mmol/Lβ-环糊精的复性溶液使最终溶液中蛋白质浓度、CTAB浓度、β-环糊精浓度达到试验所设定的浓度，继续反应60min。复性后的蛋白溶液利用透析袋进行透析，利用去离子水充当透析液，每4h换透析液1次，透析12h。

2. 盐酸胍-去离子水透析法

将上述利用盐酸胍变性的的蛋白溶液缓慢加至透析袋内，4℃复性16h，经四次去离子水磁力搅拌透析，每4h换透析液1次。

3. 盐酸胍-谷胱甘肽变性复性法

将上述变性的蛋白溶液缓慢滴加至磁力搅拌的复性液中，至蛋白中浓度为0.1g/L，向复性液中加入氧化型和还原型谷胱甘

肽，氧化型终浓度为 2mmol/L，还原型为 1mmol/L，4℃复性 16h，经三次去离子水磁力搅拌透析，每 4h 换透析液 1 次。对透析后蛋白溶液用 Bradford 法测纯化蛋白的浓度，并用淋巴细胞转化试验检测生物学活性。

（五）分析方法

复性后蛋白浓度采用 Bradford 方法测定，通过凝胶薄层灰度扫描分析 SDS-PAGE 结果，以确定其融合蛋白的表达量约占菌体总蛋白量的百分数，进而确定复性蛋白的回收率，并测定复性后蛋白的生物学活性。回收率的定义如下：蛋白回收率=（复性后蛋白的浓度×体积）/（加入变性蛋白的浓度×体积）×100%。

（六）rChIL-18 融合蛋白生物学活性的测定

采用淋巴细胞增殖试验来测定其活性，采用 MTT 法测淋巴细胞的增殖。取健康青年 SPF 鸡抗凝血 5.0mL，制备血淋巴细胞悬液，用 0.5 mL 细胞培养液 RPMI-1640（含 5 mL/L 新生牛血清，青、链霉素各 100U/mL）重悬细胞，调整细胞浓度为 5×10^8个/L，取 100μL 于 96 孔板内，设不同浓度 rChIL-18 刺激孔，同时设细胞对照孔、RPMI-1640 空白孔、丝裂原 ConA 刺激孔和载体 GST 蛋白刺激孔，每孔分别设 4 个重复，37℃，50mL/L CO_2培养 56h。每孔加入 15μL 浓度 5g/L 的 MTT，继续培养 4h，加入裂解液 100μL，37℃，50mL/L CO_2裂解 2 h，于酶标仪上 570nm 波长处读取 A 值。用刺激指数（SI）表示淋转水平。SI 计算方法：SI= rChIL-18 或 GST（+）孔 A_{570}平均值-空白孔 A_{570}平均值/对照孔 A_{570}平均值-空白孔 A_{570}平均值 。

三、结果

（一）rChIL-18融合蛋白的诱导表达

经0.2mmol/L IPTG诱导4h后，rChIL-18在*E. coli* BL21内得到表达，经SDS-PAGE电泳分析得到Mr为44000的rChIL-18融合蛋白和26000的GST载体蛋白，凝胶薄层扫描分析显示rChIL-18的表达量约占菌体总蛋白的32%，不加IPTG的不表达（图1-1）。

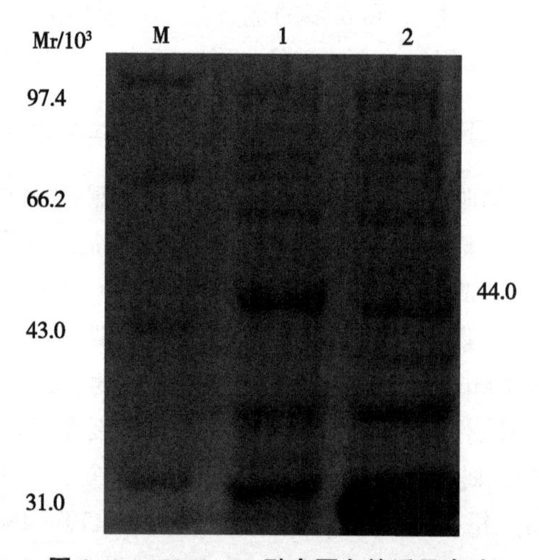

图1-1　rChIL-18融合蛋白的诱导表达

Fig 1-1　The result of expression of rChIL-18

M：Protein marker；1：Host with pGEX-mChIL-18 induced with IPTG；2：Host with pGEX induced with IPTG.

（二）rChIL-18 融合蛋白的透析纯化

使用 24 mm 透析袋将复性后的蛋白溶液进行透析纯化，纯化后的样品经 SDS-PAGE 电泳得到了去除杂蛋白的 rChIL-18 融合蛋白条带（图 1-2）。

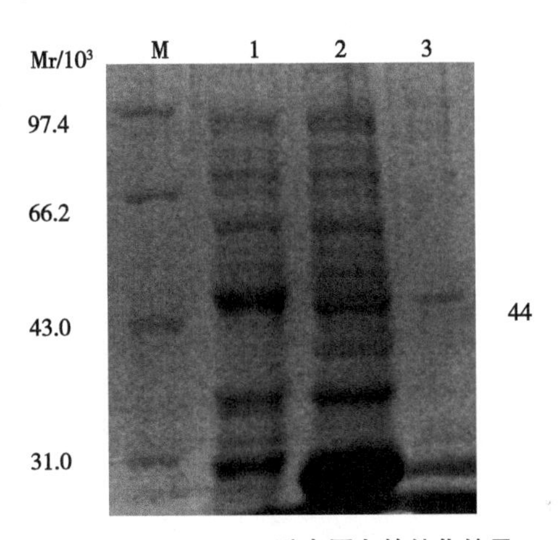

图 1-2　rChIL-18 融合蛋白的纯化结果

Fig 1-2　The result of purification of rChIL-18

M：Protein marker；1：Host with pGEX-mChIL-18 induced with IPTG；2：Host with pGEX induced with IPTG；3：Purified protein

（三）rChIL-18 融合蛋白的复性

根据试验设定利用人工分子伴侣辅助复性的方法的最终复性溶液中盐酸胍、CTAB、β-环糊精浓度分别为 0. 98mol/L、2. 4mmol/L、9. 6mmol/L，除上述外还含有 0. 4mmol/L GSSG、4. 0mmol/L GSH、1. 0mmol/L EDTA 和 0. 1mol/L 的 Tris-base。包涵体利用 6mol/L 盐酸胍变性后，利用 Bradford 法测定的 rChIL-18 的浓度为 7. 5g/L。变性蛋白经人工伴侣复性系统辅助复性，然后利用透析袋透析，最后再次用 Bradford 方法测得溶液中 rChIL-18 融合蛋白浓度为 343mg/L，而利用盐酸胍-去离子水透析法和盐酸胍-谷胱甘肽变性复性法所获得的蛋白溶液浓度分别为 150mg/L 和 7mg/L。所以利用上述回收率公式得到的有活性的 rChIL-18 的回收率，分别为人工分子伴侣复性系统为 42.54%、盐酸胍-去离子水透析法为 10.67%、盐酸胍-谷胱甘肽变性复性法为 14.83%，见图 1-3。

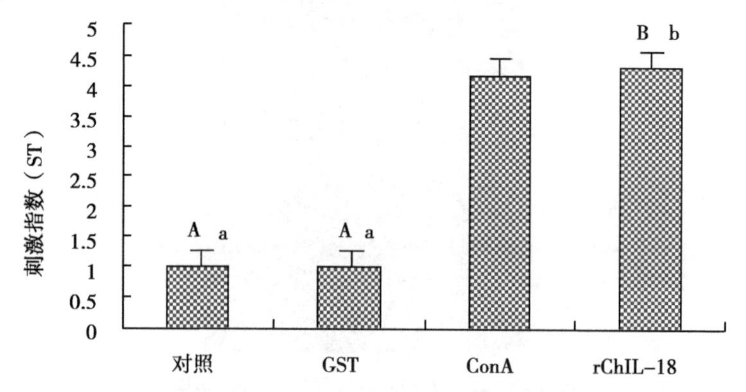

图 1-3 不同处理对 SPF 鸡外周血淋巴细胞增殖转化的结果

Fig 1-3 The result of Circumferent blood lymphocytes proliferation to GST，ConA and rChIL-18 in SPF chickens

Means with the different letter significance at the P<0.05 level（a，b，c）or the P<0.01（A，B，C）or with the same letter or no letter significance at the P>0.05 level（a，b，c）.

（四）人工分子伴侣辅助复性的 rChIL-18 融合蛋白生物学活性的测定

根据文献报道 IL-18 能够促进淋巴细胞增殖反应（Gobel et al，2003）。用 MTT 法检测 rChIL-18 融合蛋白对外周血中淋巴细胞增殖反应的作用。本试验对 rChIL-18 融合蛋白设定了 100mg/

L-500mg/L 的 9 个不同浓度水平，结果显示，不同浓度的 rChIL-18 融合蛋白刺激淋巴细胞转化的情况有明显差异，浓度为 150mg/L 时效果最佳，刺激指数（SI）为 4.38；丝裂原 ConA 在浓度为 7.5mg/L 时也能够明显促进淋巴细胞增殖，SI 为 4.20，两者与细胞空白对照相比 $P<0.01$；而载体 GST 蛋白不具有刺激转化作用，与细胞空白对照相比 $P>0.05$，见图 1-4。

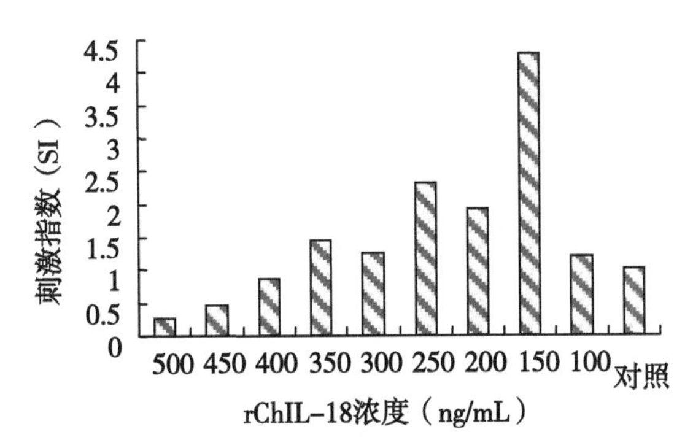

图 1-4　不同浓度 rChIL-18 对 SPF 鸡淋巴细胞增殖转化的结果

Fig1-4　The result of blood T lymphocyte proliferation to different concentrations of rChIL-18 in SPF chickens

四、讨论

开展对 rChIL-18 融合蛋白的免疫效应的研究中，需制备足量具有良好活性的蛋白，由于真核基因在原核细胞中表达时，表达产物主要为无活性的包涵体。所谓包涵体是指原核表达的重组蛋白在细菌内凝集，形成无活性固体颗粒。因为大肠杆菌缺乏真核细胞内促进蛋白折叠的辅助因子及修饰蛋白所需的酶类，或无法形成正确的次级键导致。所以必须进行变性和复性处理后才能得到具有活性的功能性蛋白。表面活性剂具有与 β-环糊精组成人工分子伴侣系统的特性，而被用于辅助蛋白质复性，并已在多种蛋白质体系中获得较好的效果。采用CTAB和β-环糊精组成的人工分子伴侣对溶菌酶复性进行了试验研究，发现需要较高浓度CTAB才能很好地辅助溶菌酶复性（Rozema et al.，1997）；2005年做了变性溶菌酶复性过程中不同组成的人工分子伴侣系统特性的考察研究，使我们更全面地了解了构成人工分子伴侣体系的表面活性剂与β-环糊精在辅助蛋白质复性过程中的功能及其作用机制（王君等，2004）。此外，董晓燕等做了人工分子伴侣和盐酸胍在促进溶菌酶复性过程中相互协同效应的研究（董晓燕等，2002）。

包涵体难溶于水，只溶于变性剂如尿素、盐酸胍等，所以我们将表达细菌利用超声波破碎后，对释放出来的包涵体先经过含10g/LTriton-X100的TE洗涤后，再经6mol/L的盐酸胍溶解变性。在包涵体的复性上，本试验利用由表面活性剂CTAB与β-环糊精组成的人工分子伴侣复性系统对其进行复性，首先使CTAB与变性蛋白质形成复合物，然后加入β-环糊精竞争吸附CTAB，使CTAB与蛋白质解离并引发蛋白质正确折叠。在利用该方法复性的过程中，我们还做了盐酸胍-去离子水透析法和盐酸胍-谷胱甘肽变性复性法。试验结果表明，人工分子伴侣系统辅助复性的复性率，为42.54%。复性产物经淋巴细胞转化试验证明，利用盐酸-去离子水透析法和盐酸胍-谷胱甘肽变性复性法获得的产物分别在600mg/L和400mg/L时才显示一定的刺激淋巴细胞增殖的生物学活性，而利用人工分子伴侣复性该蛋白的产物在150mg/L就出现了很高的刺激指数。所以人工分子伴侣复性系统能够很好地提高rChIL-18的复性率。

本试验对以包涵体形式表达的rChIL-18进行了变性、复性及生物学活性研究，获得了具有良好生物学活性的rChIL-18，为进一步研究其临床免疫效果奠定了基础。

第二节　人工分子伴侣系统辅助 rChIL-18 原核蛋白复性过程中影响因素的研究

白细胞介素 18（interleukin-18，IL-18）也称为 γ 干扰素（IFN-γ）诱导因子（interferon γ-inducing factor，IGIF），是 Okamura 等首次从小鼠肝脏中克隆获得的，它具有增加 FasL 的表达以及增强 NK 细胞毒性作用等多种生物学效能，在免疫调节、抗感染及慢性炎症性疾病发病过程中起着重要作用。本实验室对于鸡 IL-18 成熟蛋白基因已经构建了其原核表达质粒 pGEX-mChIL-18。该质粒在大肠杆菌中是以包涵体的形式高效表达，但由于包涵体是无活性固体颗粒，所以必须经过蛋白质复性使其变成有活性的蛋白。

表面活性剂可以与 β-CD 组成人工分子伴侣系统而用于辅组蛋白复性，并已在多种蛋白质体系中获得较好的效果。Rozema 等采用 CTAB 和 β-环糊精组成的人工分子伴侣对溶菌酶复性进行了试验研究，发现需要较高浓度 CTAB 才能很好地辅助溶菌酶复性（Rozema et al.，1997）。本试验利用由表面活性剂 CTAB 与 β-环糊精组成的人工分子伴侣复性系统对鸡 IL-18 融合蛋白进行复性，考察不同浓度组成的人工分子伴侣伴侣系统在复性过程中对鸡 IL-18 融合蛋白复性率的影响，以获得了更多的蛋白，为进一步研究其临床免疫效果奠定了基础。

一、材料

（一）菌株与质粒

鸡 IL-18 成熟蛋白基因重组原核表达质粒（pGEX-mChIL-

18）由本实验室构建保存；*E. coli* BL21 由本实验室保存。

（二）主要试剂

二硫苏糖醇（DTT）购自 Bioshorp 公司；还原型谷胱甘肽（GSH）、氧化型谷胱甘肽（GSSG）均购自 Roche 公司；十六烷基三甲基溴化铵（CTAB）购自南京旋光科技有限公司；β-环糊精购自成都科龙化工试剂厂；透析袋购自 Solarbio 公司；IPTG 购自大连 TakaRa 生物工程公司；盐酸胍购自北京夏斯生物技术有限公司。其余化学试剂均为分析纯。

（三）主要仪器设备

超声波裂解仪：Soniprep150 型，日本 SANYO 公司生产；小型空气浴精密恒温摇床：DHZ-031 型，上海申能博彩生物科技有限公司；紫外分光光度计：UV-2000 型，尤尼柯（上海）仪器有限公司。

二、方法

（一）rChIL-18 融合蛋白包涵体的分离与溶解

取经 SDS-PAGE 分析表达量高的诱导菌液 20 mL 经 5 000r/min 离心 10min 收集菌体，加入 TE 2mL 混匀，冰浴下超声波破碎，功率 450 W，超声 30s，间隔 30s，超声 30 次。取菌液革兰氏染色镜检是否破碎完全。8 000r/min 离心 10min，取沉淀，加入含 10g/LTriton-X100 的 TE 2mL，充分混匀，室温放置 30min（该过程中应多次的混匀）。8 000r/min 离心 10min，取沉淀，加入含 10g/LTriton-X100 的 TE 2mL，冰浴下超声波洗涤包涵体，功率 450W，超声 30s，间隔 30s，超声 10 次。8 000r/min 离心 10min，取沉淀。

（二）rChIL-18 融合蛋白包涵体的变性

向上述沉淀中加入 6mol/L 盐酸胍（含有 30mmol/L DTT 和 0.1mol/L 的 Tris-base，pH 值 8.0）至沉淀全部溶解为止，然后置于 37℃、120r/min 的摇床中反应 1h，使蛋白彻底变性和还原。

（三）人工分子伴侣系统辅助 rChIL-18 融合蛋白复性的影响

该复性过程均在 37℃ 120r/min 的摇床中进行。用空白复性液配置含有指定浓度复性助剂的复性液并用于复性。将变性后的蛋白溶液与指定体积的含 20mmol/L CTAB 的复性液混合（将蛋白溶液逐滴加入 CTAB 中），在恒温摇床中作用 15min，然后向其中加入定量空白复性液混匀，再次在恒温摇床作用 15min 后加入适量含 15mmol/Lβ-环糊精的复性溶液使最终溶液中蛋白质浓度、CTAB 浓度、β-环糊精浓度达到试验所设定的浓度，继续反应 60min。复性后的蛋白溶液利用透析袋进行透析，利用去离子水充当透析液，每 4 h 换透析液 1 次，透析 12 h。在考察蛋白浓度、CTAB 浓度及 β-CD 浓度对复性效果影响时的空白复性液为 pH8.0，0.1mol/L Tris-base 含 4.0mmol/L 的 GSH、0.4mmol/L 的 GSSG 及 1.0mmol/L 的 EDTA；考察氧化还原剂配比和盐酸胍浓度对复性效果影响时的空白复性液中除 GSSG 外，其余浓度均与上述空白复性液组成相同。

1. CTAB 与蛋白质浓度对复性的影响

本试验中，变性的鸡白介素 18 重组蛋白浓度为 20g/L，β-CD/CTAB 的摩尔比保持为 4：1，在复性液中 rChIL-18 的终端浓度分别为 0.1、0.2、0.4、0.6g/L，研究 CTAB 与 rChIL-18 的摩尔比为 0~70 范围内的人工分子伴侣辅助重组蛋白的复性。

2. β-环糊精用量对 rChIL-18 融合蛋白复性的影响

在试验中，以上述试验中得到的 rChIL-18 最佳浓度为复性液中的蛋白的终端浓度，CTAB 终浓度分别为 0.05、0.1、0.5、1.0、1.2、2.4mmol/L，研究不同 β-CD/CTAB 比值时重组蛋白的复性情况。

3. 氧化还原剂配比对 rChIL-18 融合蛋白复性的影响

本试验复性液中 rChIL-18 融合蛋白、和 CTAB 的终端浓度分别为上述两试验获得的最佳浓度。令 GSH 在复性液中终浓度为 4mmol/L，研究 GSSG/GSH = 0、0.1、0.2、0.4、0.8、1.0、2.0 时，融合蛋白的复性情况。

4. 盐酸胍浓度对 rChIL-18 融合蛋白复性的影响

在试验中，以上述试验中得到的 rChIL-18、β-环糊精、CTAB 和氧化还原剂最佳浓度为本试验中复性液中的终端浓度，盐酸胍浓度分别设为 0.1、0.3、0.5、0.7、0.9、1.1、1.5mol/l 进行试验。

5. 分析方法

复性后蛋白浓度采用 Bradford 方法测定，通过凝胶薄层灰度扫描分析 SDS-PAGE 结果，以确定其融合蛋白的表达量约占菌体总蛋白量的百分数，进而确定复性蛋白的回收率，并利用淋巴细胞增殖试验来测定复性后蛋白的生物学活性。回收率的定义如下（胡敬东等，2004）：蛋白回收率（yield）=（复性后蛋白的浓度×体积）/（加入变性蛋白的浓度×体积）×100%。

三、结果

（一）CTAB 与蛋白质浓度对复性的影响

所得结果见图 1-5，从图中结果看出在终复性液中蛋白浓度为 0.1mg/mL，CTAB/rChIL-18 为 10 时所得回收率最高。

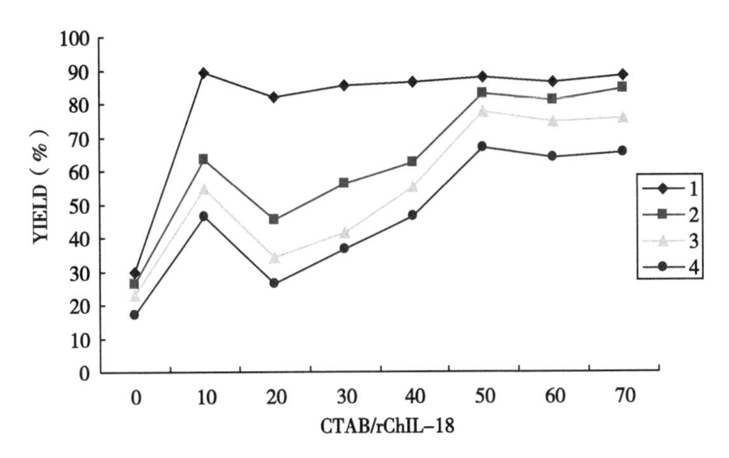

图 1-5　人工分子伴侣中 CTAB/rChIL-18 对 rChIL-18 复性的影响

Fig1-5　Effect of CTAB/rChIL-18 in artificial molecular chaperones on rChIL-18's refolding

1. rChIL-18 浓度为 0. 1g/L；2. rChIL-18 浓度为 0. 2g/L；
3. rChIL-18 浓度为 0. 4g/L；4. rChIL-18 浓度为 0. 6g/L

1. The level of rChIL-18 is0. 1g/L；2. The level of rChIL-18 is 0. 2g/L；
3. The level of rChIL-18 is0. 4g/L；4. The level of rChIL-18 is 0. 6g/L

（二）β-环糊精用量对 rChIL-18 融合蛋白复性的影响

所得结果见图 1-6，在 CTAB 浓度为 2. 4mmol/L，β-环糊精/CTAB=3 时回收率最高。

（三）氧化还原剂配比对 rChIL-18 融合蛋白复性的影响

所得结果见图 1-7，在复性液中 GSH 终浓度为 4mmol/L 时，GSSG/GSH=1：1 时回收率最高。

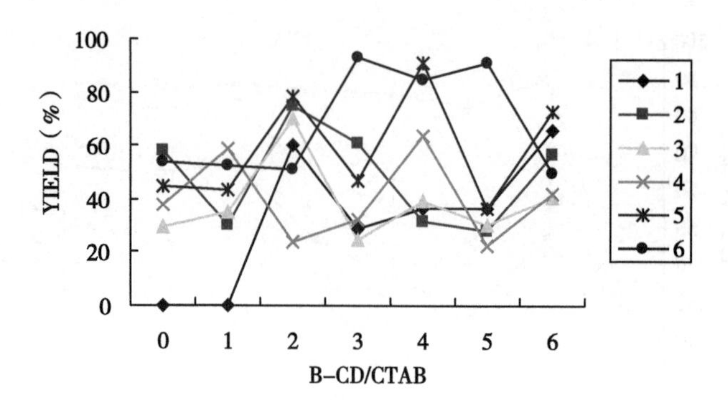

图 1-6　人工分子伴侣中 β-环糊精用量对 rChIL-18 复性的影响

Fig 1-6　Effect ofβ-CD's dose in artificial molecular chaperones on rChIL-18's refolding

注：1. CTAB 浓度为 0. 05mmol/L；2. CTAB 浓度为 0. 1mmol/L；3. CTAB 浓度为 0. 5mmol/L；4. CTAB 浓度为 1. 0mmol/L；5. CTAB 浓度为 1. 2mmol/L；6. CTAB 浓度为 2. 4mmol/L

Note：1. The level of CTAB is 0. 05mmol/L；2. The level of CTAB is 0. 1mmol/L；3. The level of CTAB is 0. 5mmol/L；4. The level of CTAB is 1. 0mmol/L；5. The level of CTAB is 1. 2mmol/L；6. The level of CTAB is 2. 4mmol/L

（四）盐酸胍浓度对 rChIL-18 融合蛋白复性的影响

结果见图 1-8，由图可见在盐酸胍浓度为 0. 9mol/L 时回收率最高。

四、讨论

开展对 rChIL-18 融合蛋白的免疫效应的研究中，需制备足量具有良好生物活性的蛋白，由于真核基因在原核细胞中表达时，表达产物主要为无活性的包涵体。所谓包涵体是指原核表达的重组蛋白在细菌内凝集，形成无活性固体颗粒。因为大肠杆菌缺乏真核细胞内促进蛋白折叠的辅助因子及修饰蛋白所需的酶

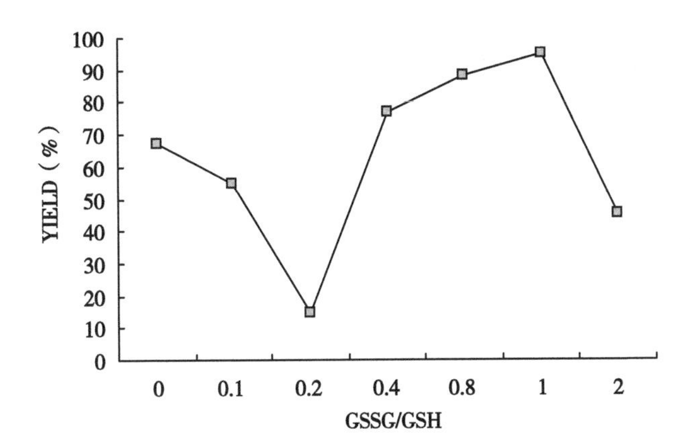

图 1-7　人工分子伴侣复性过程中氧化还原剂配比对 rChIL-18 复性的影响

Fig 1-7　Effect of oxidant/reductant in artificial molecular chaperones on rChIL-18's refolding

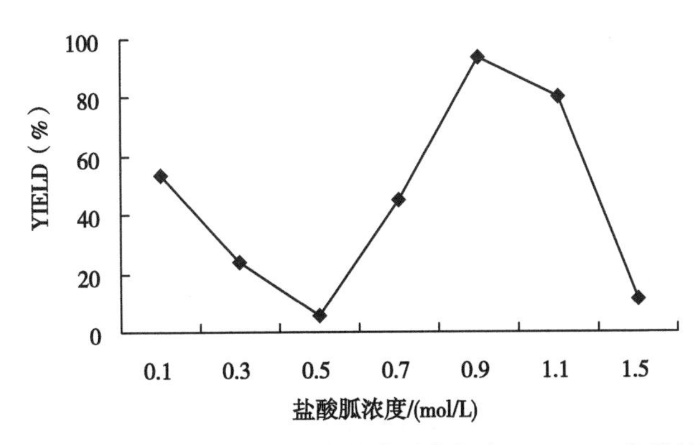

图 1-8　人工分子伴侣复性过程中盐酸胍浓度对 rChIL-18 复性的影响

Fig 1-8　Effect of guanidine hydrochloride's dose in artificial molecular chaperones on rChIL-18's refolding

类，或无法形成正确的次级键导致。所以必须进行变性和复性处理后才能得到具有活性的功能性蛋白。

表面活性剂具有与β-环糊精组成人工分子伴侣系统的特性，而被用于辅助蛋白质复性，并已在多种蛋白质体系中获得较好的效果。Rozema 等采用 CTAB 和 β-环糊精组成的人工分子伴侣对溶菌酶复性进行了试验研究，发现需要较高浓度 CTAB 才能很好地辅助溶菌酶复性（Rozemaet al.，1996）；董晓燕等做了人工分子伴侣和盐酸胍在促进溶菌酶复性过程中相互协同效应的研究（董晓燕等，2002）。此外，王君 2005 年以变性溶菌酶复性过程为例，做了变性溶菌酶复性过程中不同组成的人工分子伴侣系统特性的试验研究。结果表明在考察 CTAB 与蛋白质浓度对复性影响时，CTAB/Lys = 10 时复性率最高；考察 β-CD 用量对复性影响时，β-CD/ CTAB ≥ 4 以后，复性率达到最高并保持不变；考察氧化还原剂配比对复性的影响时，GSSG/GSH ≥ 0.1 时复性率基本不再随 GSSG 的浓度发生明显变化；考察氧化剂尿素浓度对复性的影响时，发现在在 1mol/L 时复性效果最好。该实验使我们进一步了解了构成人工分子伴侣体系的表面活性剂与 β-环糊精在辅助蛋白质复性过程中的功能及其作用机制。

本试验研究了人工分子伴侣体系中不同组成浓度对 rChIL-18 融合蛋白复性情况的影响。研究表明，CTAB/rChIL-18 = 10 时所得回收率最高；在 CTAB 浓度为 2.4mmol/L，β-环糊精/CTAB = 3 时回收率最高；GSH 浓度为 4mmol/L 时，在 GSSG/GSH = 1 时回收率最高；在盐酸胍浓度为 0.9mol/L 时回收率最高。本试验结果与王君 2005 年以溶菌酶为模型所做试验对比表明，不同蛋白质利用人工分子伴侣系统辅助复性有一定差异，当前蛋白质复性的研究需要采用更多的结构不同的蛋白质样品为模型以拓展深化对于蛋白质复性过程的认识，这对于蛋

白质复性机理的研究及应用均具有重要的意义。同时本研究为进一步提高 rChIL-18 融合蛋白的复性率，获得更多具有生物学活性的融合蛋白，进一步研究其临床免疫效果奠定了基础。

第二章　rChIL-18 原核蛋白及真核表达质粒对 IBDV 灭活疫苗免疫增强作用的研究

白细胞介素 18（interleukin-18，IL-18）也称为 γ 干扰素（IFN-γ）诱导因子（interferon γ-inducing factor，IGIF），首次是从小鼠肝脏中克隆获得的，具有复杂的生物学功能，是新近发现的一种新型细胞因子（Okamura et al.，1995）。其生物学活性与 IL-2 相似，具有诱导 T 细胞和 NK 细胞产生 INF-γ，促进 T 细胞增殖，增强 Th1 细胞、NK 细胞和 CTL 细胞的细胞毒活性等多种生物学活性功能，其作为免疫增强剂可能是解决众多疫苗免疫效果的有效途径之一，因此 IL-18 有着非常广阔的应用前景。鸡的细胞因子基因的发现、克隆与定性在一定程度上滞后于哺乳动物相关的研究。根据 EST（Expressed sequence tag）数据库中相应的基因序列，设计特异引物，首次从脂多糖（LPS）刺激的鸡巨噬细胞系 HD-11 的 cDNA 中扩增并克隆到鸡 IL-18（Chicken Interleukin-18，ChIL-18）基因（Schneider et al.，2000）。用 LPS 刺激的鸡马立克氏病病毒致瘤的肿瘤细胞系 MDCC-MSB1 克隆了鸡 IL-18 基因，并完成了原核表达、真核表达，得到有生物学活性的重组蛋白（胡敬东等，2004）。本试验进一步探讨了鸡 IL-18 作为免疫增强剂作用的研究，考察其作为免疫佐剂对鸡传染性法氏囊病灭活疫苗免疫效果的影响。为鸡 IL-18 进一步开发应用及进一步提高 IBD 灭活疫苗的免疫效果研究奠定了良好的基础。

一、材料

（一）质粒和菌株

pcDNA3.1TOPO-mChlL18重组质粒均由本实验室构建保存，大肠杆菌TG1菌株和*E.coli* BL21由本实验室保存；攻毒用IBD强毒为超强毒IBDV GX8/99株，ELD50为$10^{-3.33}$/0.1mL，由山东农业大学朱瑞良教授惠赠。

（二）主要试剂

传染性法氏囊病病毒抗体检测试剂盒购自IDEXX；人淋巴细胞分离液购自天津灏洋生物制品科技有限责任公司。鸡传染性法氏囊灭活疫苗（G株）购自哈尔滨维科生物科技开发公司。LipofectamineTM Reagent购自invitrogen；RPMI1640培养基购自Gibco公司；刀豆蛋白A（ConA）购自Sigma公司；MTT购自Bioshorp。

（三）主要仪器

Multiskan MK3酶标仪；UV-2000型紫外分光光度计。

二、方法

（一）鸡IL-18真核表达质粒的大量制备和鉴定

将冻存的含pcDNA3.1TOPO-mChlL18的*E.coli* TG1在含100mg/LAmp的LB平板上划线，37℃培养过夜。挑单菌落于5 mL含Amp的LB培养基中，37℃振摇过夜；次日菌液按1%比例加入200mLLB培养基，37℃快速振荡2h，用碱裂解法大量制备质粒DNA。用终浓度为20mg/L的RNArase37℃消化30min，用紫外光吸收法测质粒浓度。用以上质粒为模板进行PCR鉴定并将质粒送上海生工进行测序。

(二) 鸡IL-18对IBDV灭活疫苗的免疫增强作用

将购自某种鸡厂1日龄雏鸡常温下饲养至两周龄，随机分为4组，每组15只。其中，第一组为对照组，胸肌注射生理盐水0.5mL/只；第二组为疫苗组：为单纯IBD疫苗免疫，将所购灭活疫苗于颈部皮下注射于试验鸡，0.5mL/只；第三组为蛋白组：IBD疫苗和鸡IL-18原核表达产物联合免疫组，在注射灭活疫苗的同时，将经纯化的表达产物于腿部肌肉处注射200μg/只；第四组为质粒组：IBD疫苗和鸡IL-18真核表达质粒联合免疫组，在注射灭活疫苗的同时，将真核质粒与脂质体混合后于腿部肌肉多点注射。质粒用量为200μg/只。4组鸡均于接种前1天和接种后第7、14、21、28、35及42天时采取抗凝血和非抗凝血，非抗凝血用于分离血清，利用ELISA法来测定血清中抗体水平。抗凝血用于分离外周血淋巴细胞，以MTT法进行淋巴细胞增殖试验。

(三) 抗体检测

将免疫前后采取的非抗凝血分离血清检测法氏囊病毒抗体(ELISA法测定)。法氏囊病毒抗体采用美国IDEXX公司生产的传染性法氏囊病病毒抗体检测试剂盒进行测定，并按照使用说明书的要求换算为抗体滴度值。

(四) 淋巴细胞增殖试验（李祥瑞等，1996)

(1) 将无菌采取的抗凝血利用淋巴细胞分离液分离获得外周血淋巴细胞，以D-Hanks液洗涤2次，再用0.5 mLRPMI1640培养液（含5%小牛血清，青、链霉素各100U · mL^{-1}）重悬，

计数，调整细胞浓度至 $1x10^6$个/mL，制成单细胞悬液。

（2）在 96 孔微量培养板上，设 ConA 刺激孔、无 ConA 刺激的细胞对照孔和不含细胞的 1640 空白调零孔。每孔加入 50μL 含 40μg/mLConA 的 RPMI1640 培养液（对照孔和空白孔加不含 ConA 的 RPMI1640 培养液），再取各 T 淋巴细胞悬液 50μL 于每孔内（ConA 终浓度为 20μg/mL），每样品加 4 孔。

（3）于 5%CO_2培养箱 37℃ 培养 48h 后，每孔加入 15μL 浓度 5g/L 的 MTT，继续培养 4 h，加入裂解液 100μL，37℃，50mL/L CO_2裂解 2h，于酶标仪上 570nm 波长处读取 *OD* 值。用刺激指数（SI）表示淋转水平。SI 计算方法：SI = rChIL-18 或 GST（+）孔 OD_{570}平均值-空白孔 OD_{570}平均值/对照孔 OD_{570}平均值-空白孔 OD_{570}平均值 。

（五）攻毒保护试验

各组试验鸡于最后一次采血（免疫后第 42 天）后，将每组的 15 只鸡应用 IBDV 强毒通过点眼、滴鼻和口服途径进行攻击，2 000ELD_{50}/只。攻毒后连续观察 8 天，记录各组试验鸡的发病、死亡及保护情况。

（六）数据处理

所有数据用平均值±标准差（x±s）表示，组间差异性用 T-test 软件分析。

三、结果

（一）鸡 IL-18 真核表达质粒的 PCR 鉴定

应用扩增鸡 IL-18 的引物从阳性重组质粒中扩增出了 510bp 的特异性片段（图 2-1），重组质粒测序结果表明，编码鸡 IL-

18 成熟蛋白的基因已经正确存在于载体中。

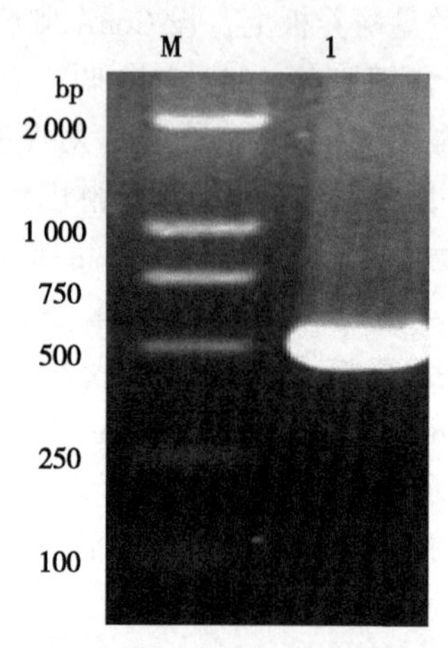

图 2-1 pcDNA3. 1TOPO-mChIL18 重组质粒的 PCR 鉴定

Fig 2-1 PCR Products of pcDNA3. 1TOPO-mChIL18 recombinant plasmid

M：DNA marker；1：重组质粒的 PCR 产物

M：DL2000 DNA marker；1：PCR product.

（二）鸡 IL-18 对中和抗体的影响

把原核表达蛋白的复性产物和制备的真核表达质粒分别与 IBDV 疫苗注射到两周龄鸡体内，于免疫前 1 天和接种后第 7、14、21、28、35 及 42 天检测相应抗体生成滴度。结果显示，在接种后 7 天和 14 天时，蛋白组、质粒组与疫苗组试验鸡之间相比抗体水平无明显差异（$P>0.05$），但上述三组与对照组差异显著（$P<0.05$）。在接种后第 21、28、35 及 42 天时蛋白组和质粒组与单纯疫苗组抗体水平差异显著（$P<0.05$），且蛋白组比质粒组效果更明显一些。总体来看，鸡 IL-18 原核表达蛋白和真核表达质粒均能够明显增强 IBDV 灭活疫苗所诱导的中和抗体水平，

其变化见图 2-2。

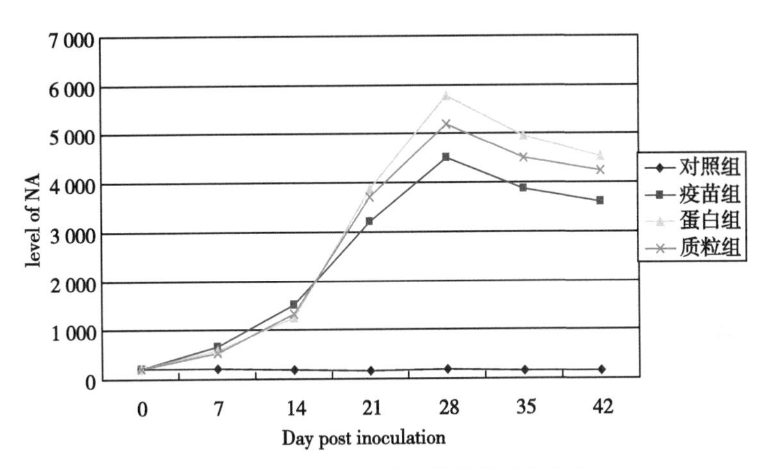

图 2-2 免疫接种后中和抗体的动态变化

Fig 2-2 The kinetic changes of GMT of chickens post inoculation

（三）鸡 IL-18 对 T 淋巴细胞增殖反应的影响

四组鸡在免疫接种后不同时期分别采取外周抗凝血，制备血液淋巴细胞，用 ConA 进行刺激，利用 MTT 法测定细胞免疫变化，结果见图 2-3。结果显示，各组鸡在试验期内，其 T 淋巴细胞对 ConA 均有明显的反应。其中接种原核表达蛋白的复性产物和疫苗的试验组和接种真核质粒和疫苗的试验组在接种 14 天后，与单独疫苗组相比均差异显著（$P<0.05$）。上述结果表明，IL-18 的原核表达复性产物和真核表达质粒均能够明显促进 IBDV 灭活疫苗诱导 T 淋巴细胞的增殖反应。

（四）攻读试验结果

在免疫接种后第 42 天时，对 4 组试验鸡应用 IBDV 强毒进

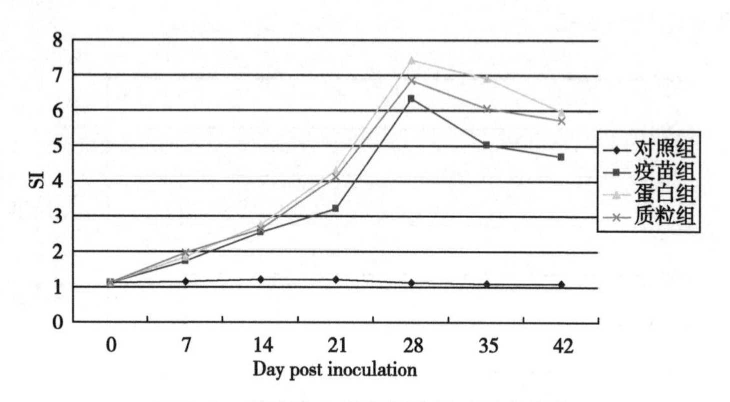

图 2-3　试验鸡 T 淋巴细胞增殖动态变化

Fig 2-3　The kinetic changes of T lymphocyte proliferative response of chickens post inoculation

行攻击。结果对照组死亡率 100%，疫苗组中 15 只鸡有 4 只发病，但未死亡，保护率为 73.3%；蛋白组和质粒组各有 1 只鸡发病，也未死亡，保护率为 93.3%（表 2-1）。

表 2-1　IBDV GX8/99 株攻毒后各组的发病、死亡及保护率统计

Table 2-1　The morbidity, mortality and protection rate after challenge of GX8/99 strain of IBDV

Group	No. dead/ sick								Morbidity	Mortality	Protection rate Time after challenge (d)
	1	2	3	4	5	6	7	8			
对照组	0/0	0/4	4/11	6/5	3/2	2/0	0/0	0/0	100	100	0
疫苗组	0/0	0/0	0/2	0/4	0/4	0/4	0/4	0/4	26.7	0	73.3
蛋白组	0/0	0/0	0/1	0/1	0/1	0/1	0/1	0/1	6.7	0	93.3
质粒组	0/0	0/0	0/1	0/1	0/1	0/1	0/1	0/1	6.7	0	93.3

四、讨论

在养禽业中，传染性法氏囊病是危害养禽业的一种最为重要的疾病之一，经常造成鸡只的死亡，耐过鸡免疫抑制，以后疫苗接种免疫失败和产蛋率下降，造成严重的经济损失。传染性法氏囊病活苗免疫效果虽然很好，但保护期短，易引发感染和免疫抑制；灭活苗较安全，保护期长，但效果较差，而提高灭活疫苗免疫效果的一个有效方法就是选择合适的佐剂。所以应寻找一种好的免疫增强剂来提高传染性法氏囊病灭活苗的免疫效果，改善鸡群对疫苗的反应能力。目前佐剂的种类很多，以福氏不完全佐剂、铝胶佐剂、脂质体、脂多糖、白油等为主，以及近几年来研究比较多的佐剂，如CpG、IL-2、IFN-γ、IFN-α等。这其中对细胞因子的研究最为广泛。细胞因子作为免疫增强剂能够克服其他常规佐剂所引起的毒性大、吸收难等缺点，而且还可以克服某些疾病所引起的免疫抑制状态。

在过去的几年中，应用细胞因子、趋化因子以及共刺激分子作为疫苗的分子佐剂的研究报告很多。试验证明，细胞因子的佐剂效应对胸腺依赖性抗原和非依赖性抗原都是有效的。一种细胞因子能促进多种不同抗原诱导免疫应答，IL-2除了促进机体对IBD疫苗产生强的免疫应答、克服低应答和无应答外，还能促进机体对狂犬病毒和单纯疱疹病毒（HSV）糖蛋白等产生的中和抗体和保护性免疫，能使动物抵抗病毒的攻击。将IL-18和IL-12基因融合入树突状细胞（DC），免疫小鼠能提高IFN-γ的表达（Iinuma et al.，2006）。将原核表达重组鸡IL-2与鸡新城疫-禽流感-法氏囊-传支四联油乳剂灭活苗同时使用明显提高抗体效价，且无毒副作用（费聿锋等，2004）。将人IL-12与结核分枝杆菌抗原ESAT-6联合基因疫苗的免疫效果观察发现：联合免疫能刺激机体产生强烈的细胞免疫，在动物体内诱发的细胞免疫较结核杆菌卡介苗上海株（BCG）单独免疫时有明显增加并维持较长时间，此外联合免疫后诱导的体液免疫也较 BCG 免疫有明显增加（郝牧等，2007）。

本研究将具有生物学活性的鸡 IL-18 原核表达蛋白和能够表达的真核表达质粒 pcDNA3. 1TOPO-mChlL18 分别与传染性法氏囊病（IBD）灭活疫苗同时接种，观察了鸡 IL-18 对 IBD 灭活的免疫增强效果。试验结果表明，原核表达蛋白和真核表达质粒在体液免疫和细胞免疫两方面均能够起到明显的免疫增强作用。其中和抗体效价在联合接种免疫 21 天后与单纯疫苗组相比出现明显差异（$P<0.05$）；同时，利用 MTT 法测得的 T 淋巴细胞增殖反应从接种 14 天开始即与单纯疫苗组相比差异显著（$P<0.05$）。攻毒试验结果表明，在免疫后 42 天时进行攻毒，在观察期内原核表达蛋白与疫苗联合免疫组和真核表达质粒与疫苗联合免疫组均只有 1 只鸡发病且未死，保护率为 93. 3%；而单纯疫苗组有 4 只鸡发病，保护率仅为 73. 3%。综合上述结果说明，鸡 IL-18 原核表达蛋白和真核表达质粒不但具有明显的增强 IBD 灭活疫苗诱导细胞免疫的作用，而且对中和抗体的提高也具有很大的作用。

IL-18 是一种新发现的分布广泛的细胞因子，具有多种生物学功能，其中对机体的免疫调节和抗肿瘤作用已受到研究者们的极大关注。人类医学研究证明 IL-18 在抗微生物感染，尤其是在抗肿瘤免疫方面具有重要的潜在应用价值。虽然目前鸡 IL-18 的研究尚处于起始阶段，其研究水平相对于 hIL-18 与 mIL-18 来说较为落后，但不容否认的是鸡 IL-18 基因及其编码蛋白不仅在比较免疫学研究中具有重要意义，而且还有望成为一种可以应用于家禽养殖业的新型免疫佐剂和免疫治疗剂。所以本试验的研究为继续研究鸡 IL-18 的功能活性和作为免疫增强剂的进一步开发应用及进一步提高 IBD 灭活疫苗的免疫效果研究奠定了良好的基础。

第三章　mChIL-18 与 IBDV VP2 基因或 AIV HA1 基因在 pFastBac^{TM} Dual 中的共表达及其免疫原性研究

第一节　mChIL-18 与 VP2 或 HA1 在杆状病毒表达载体中的共表达

传染性法氏囊病（Infectious bursal disease，IBD）是由 IBD 病毒（IBDV）引起的鸡传染病，主要侵害中枢免疫器官-法氏囊。该病主要使机体的免疫能力降低和疫苗免疫接种失败，即导致机体免疫抑制。传统的弱毒疫苗可提供一定的免疫保护，但总的评价效果不理想，且 IBDV 超强毒株、变异株的出现给该病的防制带来巨大困难，迫切需要开发新型疫苗。IBDV 基因组由 2 个片段、5 种病毒蛋白组成，其中 VP2 是病毒的主要保护性抗原，于涟等证实重组 VP2 表达蛋白可保护 IBDV 强毒株对非免疫雏鸡的攻击。mChIL-18 作为一种新型的细胞免疫调节因子，可显著刺激 Th1 细胞产生 IFN-γ，上调 NK 及 $CD8^{+}T$ 细胞的细胞毒作用。将鸡 IL-18 基因与 AIV 的 HA 基因插入痘病毒构建的重组痘病毒免疫 SPF 鸡和商品来航鸡，能产生 100%的保护率。双表达载体 pFastBac^{TM} dual 具有相互间有一定竞争性的 P10 启动子和 PH 启动子，能够同时独立表达两个目的基因。因此，本研究将选用 pFastBac™ Dual 双表达载体，在昆虫细胞中同时独立表达 mChIL-18 蛋白和 IBDV VP2 蛋白。

禽流感病毒（Avian influenza virus，AIV）的基因组为单股负链 RNA，含有大小不同的 8 个独立 RNA 片段。根据禽流感血凝素（Hemagglutinin，HA）和神经氨酸酶（Neuraminidase，NA）的不同可分为 15 个 HA 亚型，9 个 NA 亚型。编码 HA 的片段是 AIV 基因组中变异率最大的一个片段，不同亚型或同一亚型的不同毒株的 HA 序列均存在明显的差异。AIV 的毒力强弱主要体现在 HA 基因的变异，高致病力毒株通常由非致病力毒株的 HA 基因变异而来。由于 HA 基因极易发生变异，故对 HA 基因的研究已成为目前研究 AIV 的热点。一个 HA 单体有 562~566 个氨基酸（AA）残基组成，主要由 HA1 和 HA2 构成，且 Ya 等，Kaverin 等证明 H5 亚型 AIV HA 的分子结构中的所有中和表位都位于 HA1 区域。体外表达 HA1 涵盖了所有的 HA 空间中和表位，完全可以替代 HA 作为抗原。因此，本研究将选用 pFastBac™ Dual 双表达载体，在昆虫细胞中同时独立表达 mChIL-18 蛋白和 AIV HA1 蛋白。

一、材料

（一）质粒、细胞、受体菌及菌株

草地贪夜蛾细胞（*Spodoptera frugiperda* 9，*sf*9）、pFastBac™ Dual vector（其物理图谱及多克隆位点序列见图 3-1）均购自美国 Invitrogen 公司；鸡白细胞介素 18 成熟蛋白基因克隆质粒（pMD18-T-mChIL-18）由本实验室构建并保存；IBDV 的 VP2 基因质粒（pMD18-T-VP2）由山东农业大学朱瑞良教授惠赠；AIV 的 HA1 基因质粒（pMD18-T-HA1）由由中国人民解放军军事医学科学院军事兽医研究所金宁一研究员惠赠；DH5α、

DH10Bac 菌株为本实验室保存。

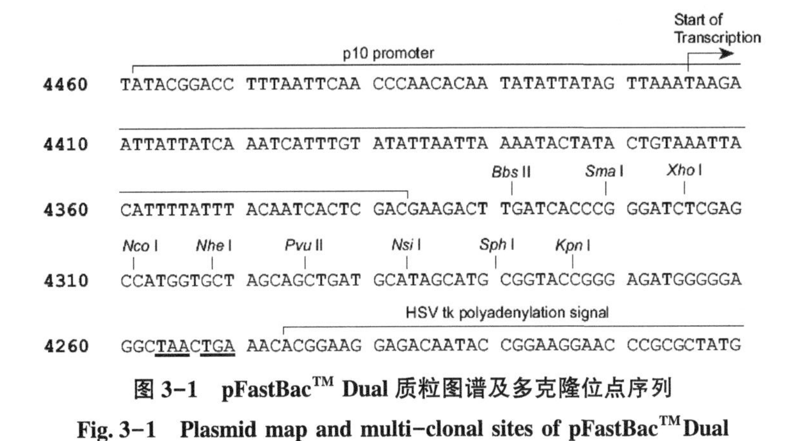

图 3-1 pFastBac™ Dual 质粒图谱及多克隆位点序列

Fig. 3-1 Plasmid map and multi-clonal sites of pFastBac™ Dual

（二）所用试剂及耗材

rTaq 酶、各种限制性内切酶、dNTP、氨苄青霉素、庆大霉素、卡那霉素、四环素、IPTG、X-gal、DL2000 DNA Marker、DL15000 DNA Marker、200bp Ladder Marker、蛋白质 Marker、T4 DNA 连接酶和各种限制性内切酶均购自 TakaRa 公司；UNIQ-10 柱式 DNA 胶回收（小量）试剂盒购自上海生物工程公司；Sf-900II SFM 无血清培养基、Cellfectin Ⅱ Reagent 转染试剂均购自 Invitrogen 公司；兔抗鸡 mChIL18 多克隆抗体由本实验室（山东农业大学动物科技学院赵宏坤老师实验室）制备并保存；IBDV 阳性血清和 AIV 阳性血清由山东济南检验检测中心惠赠；TRITC 标记的抗兔 IgG 和 FITC 标记的抗鸡 IgG 购自广州华拓生物科技有限公司；RPMI1640、DMEM 均购自 Invitrogen 公司；胎牛血清（FBS）购自 MD genics 公司；牛血清白蛋白（BSA）购自上海博奥生物制品有限公司；其他相关化学试剂（无水乙醇、苯酚、氯仿等）均为国产分析纯；各种不同规格注射器、血细胞计数板、各种不同规格的离心管等耗材均常规购买。

（三）主要仪器及设备

高速离心机：上海安亭科学仪器公司；PCR仪：德国Eppendorf公司产品；超净工作台（细菌培养用）：VS-1300-U购自苏州净化设备厂；超净工作台（细胞培养用）：购自苏净集团安泰公司；摇床、HH-4型数显恒温水浴锅：上海国华电器有限公司；核酸及蛋白质电泳仪、蛋白质转印装置：北京六一仪器厂；恒温培养箱（细菌培养用）：HH.B11.420型，上海医疗器械厂；28℃细胞培养箱（细胞培养用）：上海新苗医疗器械制造有限公司；Gdldoc EQ凝胶成像分析系统：美国BIO-RAD公司；CK-40型倒置显微镜为日本OLYMPUS公司；多道移液器及各种规格的移液器为德国Eppendorf公司产品；超净工作台（细胞培养用）：购自苏净集团安泰公司。

二、方法

利用Bac-To-Bac杆状病毒表达系统表达目的蛋白的原理如下（图3-2）。利用Bac-To-Bac杆状病毒表达系统表达目的蛋白的具体操作流程如下（图3-3）。

（一）引物设计及合成

根据GenBank已发表的mChIL-18基因序列，并根据pFastBac™Dual载体的特点设计一对特异性引物，扩增mChIL-18基因。序列如下：

上游引物P1：5′-CGCGGATCCATGGCCTTTTGTAAG -3′，带有BamHI酶切位点及起始密码子；

下游引物P2：5′-CGGAAGCTTTAGTCATAGGTTGTGCCT-

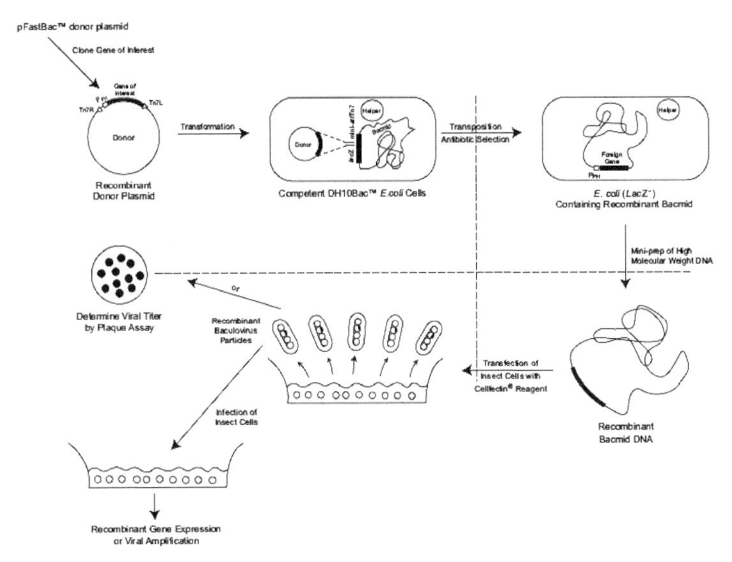

图3-2 Bac-To-Bac杆状病毒表达系统重组病毒原理流程

Fig. 3-2 Principle and flow chart of recombinant baculovirus construction following Bac-to-Bac system

3′，带有HindIII酶切位点及终止密码子。

根据GenBank已发表的IBDV VP2基因序列，并根据pFastBac^{TM}Dual载体的特点设计一对特异性引物，扩增VP2基因。序列如下：

上游引物P3：5′-CTCTCGAGATGGCAGCGATGACG AAC-3′，带有XhoI酶切位点及起始密码子；

下游引物P4：5′-CTGGTACCTAGCCTTAGGGCCCGGATTATGT-3′，带有KpnI酶切位点及终止密码子。

根据GenBank已发表的H5亚型AIV HA1基因序列，并根据pFastBac^{TM}Dual载体的特点设计一对特异性引物，扩增HA1基因。序列如下：

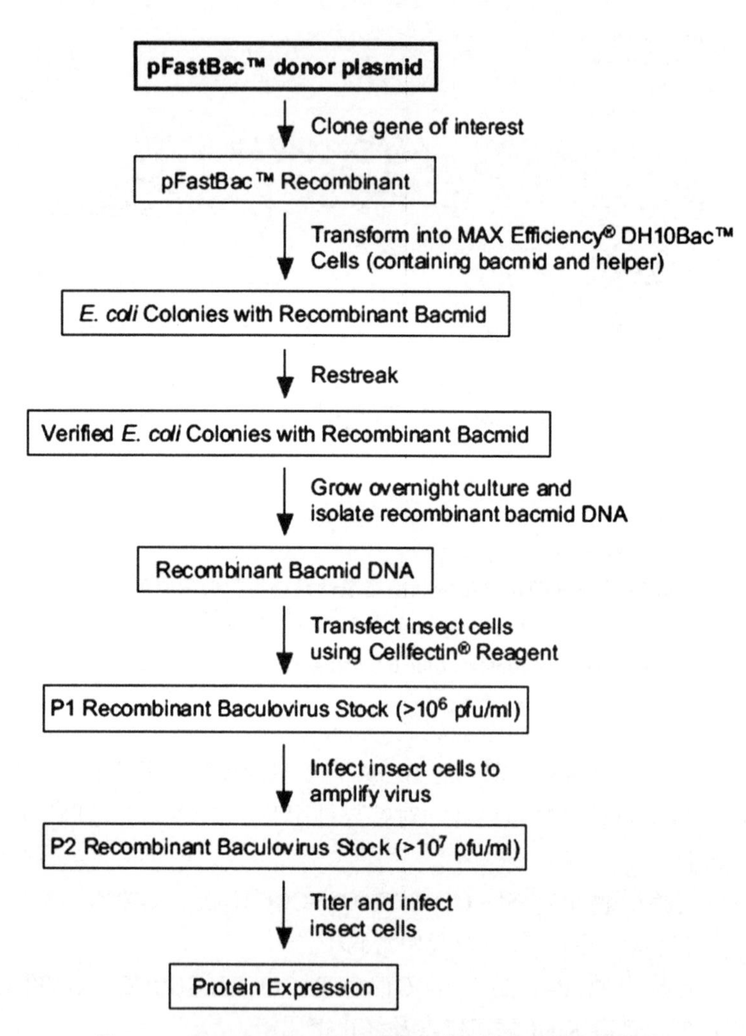

图 3-3　Bac-To-Bac 杆状病毒表达系统表达蛋白的流程

Fig. 3-3　Flow chart of recombinant baculovirus expressing protein following Bac-to-Bac system

上游引物 P5：5′-CGGCTCGAGATGGATCAGATTTG-3′，带有 XhoI 酶切位点及起始密码子；

下游引物 P6：5′-CGGGCATGCTAGTCTCTTTTTTCTTC-3′，带有 SphI 酶切位点及终止密码子。

根据 pFastBac^{TM}Dual 载体基因序列和 Bacmid DNA 特点设计一对 M13 通用引物。序列如下：

上游引物 P7：5′- GTTTTCCCAGTCACGAC -3′；

下游引物 P8：5′- CAGGAAACAGCTATGAC -3′。

上述引物 P1、P2、P3、P4、P5、P6、P7、P8 均由上海生物工程公司合成。

（二）mChIL-18 基因重组转移载体的构建

1. mChIL-18 基因的克隆

以本实验室保存的重组质粒 pMD18-T-mChIL-18 为模板来扩增 mChIL-18 基因，PCR 反应体系如下所示：10×PCR Buffer 2.5μL、dNTPs（各 2.5mmol/L）2μL、Mg^{2+} 2μL、P1（25μmol/L）1μL、P2（25μmol/L）1μL、pMD18-T-mChIL-18 1μL、rTaq DNA 聚合酶（5U/μL）0.2μL、dd H_2O 15.3μL，总体积 25μL。

各成分混匀后，在 PCR 仪上执行如下反应条件：94℃ 5min，充分变性后进入循环体系：94℃ 1min，52℃ 40s，72℃ 1min，共 30 个循环，然后 72℃ 延伸 10min。同时设立阴性对照（以双蒸水为模板）。扩增结束后，取 5μL PCR 产物在 0.8% 琼脂糖凝胶（含 0.5μg/mL EB）中进行初步电泳鉴定。

2. mChIL-18 基因的 PCR 产物的回收纯化

将经过初步鉴定正确的 mChIL-18 基因 PCR 产物全部上样电泳，采用 UNIQ-10 柱式 DNA 胶回收试剂盒进行纯化回收，操作方法如下：

（1）用琼脂糖凝胶电泳将目的 DNA 片段与其他 DNA 尽可

能分开，然后用干净的手术刀割下含所要回收 DNA 的琼脂块，放入 1.5mL 离心管中。判定 DNA 片段的位置时，要尽可能使用长波长紫外光，在紫外光下照射的时间应尽可能短。切胶时应尽可能减少胶的体积。

（2）称量凝胶的重量，以 1mg=1μL 换算凝胶的体积；按照凝胶浓度（小于或等于 1%），每 100mg 琼脂糖凝胶中或 100μL 的 DNA 溶液中加入 400μL Binding Buffer，置于 50~60℃ 水浴中 10min，每 2min 混匀一次，以保证凝胶全部融化。

（3）将融化的胶溶液转移到套放于 2mL 收集管的 UNIQ-10 柱中，室温放置 2min，8 000rpm 室温离心 1min，适当降低离心转速有助于提高 DNA 结合率（如果溶胶后的总体积大于 700μL 可以加样 2 次以上进行分别离心）。

（4）取下 UNIQ-10 柱，倒掉收集管中废液，将 UNIQ-10 柱放回收集管中，加入 500μL Wash Solution，12 000rpm 室温离心 30s。

（5）重复（4）一次。

（6）取下 UNIQ-10 柱，倒掉收集管中废液，将 UNIQ-10 柱放回收集管中，10 000rpm 室温离心 15s（将离心后的 UNIQ-10 柱放入恒温箱中 50℃ 干燥 5min，或自然晾干 10min，有助于酒精的挥发，提高 DNA 的洗脱效率）。

（7）将 UNIQ-10 柱放入一个新的洁净的 1.5mL 离心管中，在柱子膜中央加 40μL Elution Buffer 放置 5min（提前将 Elution Buffer 加热到 60℃，有助于提高 DNA 的洗脱效率）。

（8）12 000rpm 室温离心 1min，离心管中的液体即为回收的 DNA 片段，可立即使用或保存于-20℃ 备用。

3. mChIL-18 基因片段和 pFastBac™ Dual 质粒的双酶切

将回收的 mChIL-18 片段和 pFastBac™ Dual 质粒分别用 BamHI 和 HindIII 进行线性化双酶切。

PCR 产物的酶切反应体系如下所示：10×K Buffer 10μL、回收的 mChIL－18 PCR 产物 40μL、BamHI 5μL、HindIII 5μL、ddH_2O 40μL，总体积 100μL。

载体质粒 pFastBac Dual 的线性化酶切反应体系如下所示：10×K Buffer 5μL、质粒 pFastBac Dual 20μL、BamHI 2.5μL、HindIII 2.5μLddH_2O 20μL，总体积 50μL。离心混匀后，于 37℃水浴消化 2~3h，全部上样电泳，反应结束后向体系中加入终止液，分离出目的片段后进行琼脂糖凝胶回收。

4. mChIL-18 基因片段和 pFastBac™ Dual 的连接

将回收的 mChIL-18 线性片段和 pFastBac™ Dual 载体线性片段通过 T4 DNA 连接酶进行连接，5μL 连接反应体系如下：10×DNA Ligase Buffer 0.5μL、mChIL－18 线性片段 3μL、pFastBac Dual 线性片段 1μL、T4 DNA Ligase 0.5μL，总体积 5μL。离心混匀后，16℃低温水浴连接过夜，连接产物直接用于转化 DH5α 感受态细胞。

5. DH5α 感受态细胞的制备

（1）从 LB 固体平板上挑取新活化的 *E. coli* DH5α 单菌落，接种于含 2mL LB 液体培养基的 250mL 三角烧瓶中，37℃振荡培养过夜，次日按 1% 转种于同样培养基中，继续振荡培养至 OD_{600}值达到 0.5 左右时取出。

（2）无菌条件下将细菌转移到无菌的用冰预冷的 50mL 聚丙烯离心管中，在冰上放置 10min，使培养物冷却至 0℃，然后于 4℃、4 000rpm 离心 10min，倒出培养液，将管倒置 1min 使残留液体流尽。

（3）用 10mL 冰预冷的 0.1mol/L$CaCl_2$溶液重悬细胞沉淀，小心混匀后冰上放置 15~30min，于 4℃以 4 000rpm 离心 10min，回收菌体。

（4）倒出培养液，将管倒置 1min 使残留液体流尽；用 2mL

冰预冷的含15%甘油的0.1mol/L$CaCl_2$重悬细胞沉淀，小心混匀后冰上放置5min，即制成感受态细胞悬液。

（5）用冷却的无菌吸头将感受态细胞分装于预冷的无菌微量离心管中，每管100μL，可立即使用或放入-70℃保存备用。

6. mChIL-18基因片段和pFastBac™ Dual的连接产物转化DH5α感受态细胞

（1）将步骤4获得的连接产物5μL加入100μL感受态细胞中，同时设pFastBac™ Dual的阴性对照，以及不加入任何质粒DNA的感受态细胞对照。

（2）轻轻混匀后，立即冰浴30min；将装有混合物的离心管移入预热至42℃的循环水浴中，恰好静置90s；将离心管快速转移到冰浴中，放置2min；在超净台里，将离心管中的混合物加到800μL预热至37℃的LB液体（Amp^-）培养基中轻轻颠倒混匀，将混合物于37℃ 振荡培养45min。

（3）将培养的菌液以3 000rpm离心5min，在超净台里弃掉部分上清，留约100μL上清，用加样器重悬菌体沉淀；取菌液涂布于LB（Amp^+）平板上，37℃倒置培养过夜。

7. 重组pF-IL18质粒的鉴定

将连接产物转化至感受态细胞后，挑取单菌落，用碱裂解法提取质粒pFastBac™ Dual-mChIL-18（pF-IL18），分别进行双酶切、PCR扩增及序列测定鉴定。

（1）重组pF-IL18质粒的提取。采用碱裂解法小量制备质粒DNA，具体操作步骤如下：

①从上述转化后过夜培养的平板中挑取单个的白色菌落：接种于3mL含LB液体培养基（Amp^+）中，37℃振摇培养过夜；取1.5mL菌液加入到灭菌的Eppendorf离心管中，于4℃以12 000rpm离心1min，弃掉上清，将离心管倒置在吸水纸上，尽可能除去上清。

②在细菌沉淀中加入100μL冰预冷的SolutionⅠ：用振荡器强烈振荡混匀（完全振荡开菌体）；加200μL新配制的SolutionⅡ，盖紧管口，快速颠倒5次（不要强烈振荡）后将离心管放置于冰上2~3min；加入150μL冰预冷的SolutionⅢ，盖紧管口，温和颠倒10次使溶液在粘稠的细菌裂解液中分散均匀，然后将离心管放置于冰上3~5min；于4℃以12 000rpm离心5min后，将上清移至新离心管中。

③加入等体积的Tris饱和酚：氯仿（1：1），振荡混匀，于4℃以12 000rpm离心5min，将上清移至另一新的离心管中；加入2倍体积的无水乙醇，振荡混匀，-20℃放置至少30min；于4℃以12 000rpm离心10min，弃上清；沉淀用预冷的70%乙醇漂洗一遍，将离心管倒置在吸水纸上，尽可能除去上清，自然干燥；将质粒DNA溶于30μL含RNA酶（20μg/μL）的TE缓冲液中，37℃水浴消化30min，-20℃备用。

④将所提取的质粒DNA在0.8%琼脂糖凝胶上进行电泳：紫外灯下观察结果，挑取分子量相对比较大的质粒进一步进行PCR和酶切鉴定。

（2）重组pF-IL18质粒的PCR鉴定。对疑似阳性的重组pF-IL18质粒进行PCR扩增，反应体系如下：10×PCR Buffer 2.5μL、dNTPs（各2.5mmol/L）2μL、Mg^{2+} 2μL、P1（25μmol/L）1μL、P2（25μmol/L）1μL、pMD18-T-mChIL-18 1μL、rTaq DNA聚合酶（5U/μL）0.2μL、dd H_2O 15.3μL，总体积25μL。

反应条件：94℃ 5min，充分变性后进入循环体系：94℃ 1min，52℃ 40s，72℃ 1min，共30个循环，然后72℃延伸10min。同时设立阴性对照（以双蒸水为模板）。扩增结束后，取5μL PCR产物在0.8%琼脂糖凝胶（含0.5μg/mL EB）中进行初步电泳鉴定，观察结果。

（3）重组 pF-IL18 质粒的酶切鉴定。重组 pF-IL18 质粒用 *BamH I* 和 *Hind* III 进行线性化双酶切，酶切反应体系如下：10× K Buffer 2μL、pF-IL18 质粒 6μL、*BamH* I 1μL、*Hind* III 1μL、ddH_2O 10μL，总体积 20μL。离心混匀后，于 37℃水浴消化 3~5h，取消化产物上样电泳确定疑似菌落。

（4）重组 pF-IL18 质粒的序列分析鉴定。为了进一步确定所得到的阳性克隆，将经以上鉴定为阳性的重组质粒 pF-IL18 菌液委托上海生工生物工程有限公司进行序列测定，并用 DNAStar. Lasergene（Version 7.1）软件分析插入片段的正确性。最终筛选出所需要的阳性重组质粒 pF-IL18。

（三）VP2 基因重组转移载体的构建

方法同（二），将回收的 VP2 片段和 pFastBac™ Dual 质粒经 *Xho* I 和 *Kpn* I 双酶切后分别回收，VP2 片段定向克隆于 pFastBac™ Dual 的 P10 启动子下游，构建重组转移载体 pFastBac™ Dual-VP2（pF-VP2）。

1. 重组 pF-VP2 质粒的 PCR 鉴定

对疑似阳性的重组 pF-VP2 质粒进行 PCR 扩增，反应体系如下：10×PCR Buffer 2.5μL、dNTPs（各 2.5mmol/L）2μL、Mg^{2+} 1.5μL、P3（25μmol/L）1μL、P4（25μmol/L）1μL、pF-VP2 0.5μL、rTaq DNA 聚合酶（5U/μL）0.2μL、dd H_2O 16.3μL，总体积 25μL。

反应条件：94℃ 5min，充分变性后进入循环体系：94℃ 1min，59℃ 40s，72℃ 1min，共 30 个循环，然后 72℃ 延伸 10min。同时设立阴性对照（以双蒸水为模板）。扩增结束后，取 5μL PCR 产物在 0.8%琼脂糖凝胶（含 0.5μg/mL EB）中进行初步电泳鉴定，观察结果。

2. 重组 pF-VP2 质粒的酶切鉴定

重组 pF-VP2 质粒用 *Xho* I 和 *Kpn* I 进行线性化双酶切，酶切反应体系如下：10×M Buffer 2μL、pF-VP2 6μL、*Xho* I 1μL、*Kpn* I 1μL、ddH$_2$O 10μL，总体积 20μL。离心混匀后，于 37℃水浴消化 3~5h，取消化产物上样电泳确定疑似菌落。

3. 重组 pF-VP2 质粒的序列分析鉴定

为了进一步确定所得到的阳性克隆，将经以上鉴定为阳性的重组质粒 pF-VP2 菌液委托上海生工生物工程有限公司进行序列测定，并用 DNAStar. Lasergene（Version 7.1）软件分析插入片段的正确性。最终筛选出所需要的阳性重组质粒 pF-VP2。

（四）HA1 基因重组转移载体的构建

方法同（二），将回收的 HA1 片段和 pFastBac^{TM} Dual 质粒经 *Xho* I 和 *Kpn* I 双酶切后分别回收，HA1 片段定向克隆于 pFastBac^{TM} Dual 的 P10 启动子下游，构建重组转移载体 pFastBac^{TM} Dual- HA1（pF-HA1）。

1. 重组 pF-HA1 质粒的 PCR 鉴定

对疑似阳性的重组 pF-HA1 质粒进行 PCR 扩增，反应体系如下：10×PCR Buffer 2.5μL、dNTPs（各 2.5mmol/L）2μL、Mg^{2+} 2μL、P5（25μmol/L）1μL、P6（25μmol/L）1μL、pF-HA1 0.5μL、rTaq DNA 聚合酶（5U/μL）0.2μL、dd H$_2$O 15.8μL，总体积 25μL。

反应条件：94℃ 5min，充分变性后进入循环体系：94℃ 1min，54℃ 40s，72℃ 1min，共 35 个循环，然后 72℃ 延伸 10min。同时设立阴性对照（以双蒸水为模板）。扩增结束后，取 5μL PCR 产物在 0.8%琼脂糖凝胶（含 0.5μg/mL EB）中进行初步电泳鉴定，观察结果。

2. 重组 pF-HA1 质粒的酶切鉴定

重组 pF-HA1 质粒用 *Xho* I 和 *Kpn* I 进行线性化双酶切，酶切反应体系如下：10×M Buffer 2μL、pF-HA1 6μL、*Xho* I 1μL、*Kpn* I 1μL、ddH_2O 10μL，总体积 20μL。离心混匀后，于 37℃水浴消化 3~5h，取消化产物上样电泳确定疑似菌落。

3. 重组 pF-HA1 质粒的序列分析鉴定

为了进一步确定所得到的阳性克隆，将经以上鉴定为阳性的重组质粒 pF-HA1 菌液委托上海生工生物工程有限公司进行序列测定，并用 DNAStar. Lasergene（Version 7. 1）软件分析插入片段的正确性。最终筛选出所需要的阳性重组质粒 pF-HA1。

（五）mChIL-18 和 VP2 基因共表达重组转移载体的构建

将回收的 VP2 片段和上述（二）构建的 pF-IL18 质粒分别经 *Xho* I 和 *Kpn* I 双酶切后分别回收，构建重组转移载体 pFastBac™ Dual-mChIL-18-VP2（pF-IL18-VP2），然后转化至 DH5α，提取重组质粒 pF-IL18-VP2。

1. 重组 pF-IL18-VP2 质粒的 PCR 鉴定

对疑似阳性的重组 pF-IL18-VP2 质粒进行两次 PCR 扩增，分别检测 mChIL-18 基因和 VP2 基因。第一次反应体系如下：10×PCR Buffer 2. 5μL、dNTPs（各 2. 5mmol/L）2μL、Mg^{2+} 2μL、P1（25μmol/L）1μL、P2（25μmol/L）1μL、pF-IL18-VP2 1μL、rTaq DNA 聚合酶（5U/μL）0. 2μL、dd H_2O 15. 3μL，总体积 25μL。反应条件：94℃ 5min，充分变性后进入循环体系：94℃ 1min，52℃ 40s，72℃ 1min，共 30 个循环，然后 72℃ 延伸 10min。

第二次反应体系如下：10×PCR Buffer 2. 5μL、dNTPs（各 2. 5mmol/L） 2μL、Mg^{2+} 1. 5μL、P3 （25μmol/L） 1μL、P4

(25μmol/L) 1μL、pF-IL18-VP2 0.5μL、rTaq DNA 聚合酶 (5U/μL) 0.2μL、dd H_2O 16.3μL，总体积 25μL。反应条件：94℃ 5min，充分变性后进入循环体系：94℃ 1min，59℃ 40s，72℃ 1min，共30个循环，然后72℃延伸10min。

两个反应体系都同时设立阴性对照（以双蒸水为模板）。扩增结束后，取5μL PCR产物在0.8%琼脂糖凝胶（含0.5μg/mL EB）中进行初步电泳鉴定，观察结果。

2. 重组 pF-IL18-VP2 质粒的酶切鉴定

对疑似阳性的重组 pF-IL18-VP2 质粒用 *BamH* I、*Hind* III、*Xho* I 和 *Kpn* I 进行四酶切，酶切反应体系如下：10×K Buffer 2.0μL、10×M Buffer 2.0μL、pF-IL18-VP2 6.0μL、*BamH* I 1.0μL、*Hind* III 1.0μL、*Xho* I 1.0μL、*Kpn* I 1.0μL、ddH_2O 6.0μL，总体积 20μL。

为了进一步确定所得到的阳性克隆，将经以上鉴定为阳性的重组质粒 pF-IL18-VP2 菌液委托上海生工生物工程有限公司进行序列测定，并用 DNAStar. Lasergene（Version 7.1）软件分析插入片段的正确性。最终筛选出所需要的阳性重组质粒 pF-IL18-VP2。

（六）mChIL-18 和 HA1 基因共表达重组转移载体的构建

将回收的 HA1 片段和上述（二）构建的 pF-IL18 质粒分别经 *Xho* I 和 *Kpn* I 双酶切后分别回收，构建重组转移载体 pFastBac™ Dual-mChIL-18-HA1（pF-IL18-HA1），转化至 DH5α，提取重组质粒 pF-IL18-HA1。

1. 重组 pF-IL18-HA1 质粒的 PCR 鉴定

对疑似阳性的重组 pF-IL18-HA1 质粒进行两次 PCR 扩增，分别检测和 HA1 基因。

mChIL-18 基因反应体系如下：10×PCR Buffer 2.5μL、dNTPs（各2.5mmol/L）2μL、Mg^{2+} 2μL、P1（25μmol/L）1μL、P2（25μmol/L）1μL、pF-IL18-HA1 1μL、rTaq DNA 聚合酶（5U/μL）0.2μL、dd H_2O 15.3μL，总体积 25μL。反应条件：94℃ 5min，充分变性后进入循环体系：94℃ 1min，52℃ 40s，72℃ 1min，共30个循环，然后72℃延伸10min。

HA1 基因反应体系如下：10×PCR Buffer 2.5μL、dNTPs（各2.5mmol/L）2μL、Mg^{2+} 2μL、P5（25μmol/L）1μL、P6（25μmol/L）1μL、pF-IL18-HA1 0.5μL、rTaq DNA 聚合酶（5U/μL）0.2μL、dd H_2O 15.8μL，总体积 25μL。反应条件：94℃ 5min，充分变性后进入循环体系：94℃ 1min，54℃ 40s，72℃ 1min，共35个循环，然后72℃延伸10min。

两个反应体系都同时设立阴性对照（以双蒸水为模板）。扩增结束后，取5μL PCR产物在0.8%琼脂糖凝胶（含0.5μg/mL EB）中进行初步电泳鉴定，观察结果。

2. 重组 pF-IL18-HA1 质粒的酶切鉴定

对疑似阳性的重组 pF-IL18-HA1 质粒用 *BamH* I、*Hind* III、*Xho* I 和 *Kpn* I 进行四酶切，酶切反应体系如下：10×K Buffer 2.0μL、10×M Buffer 2.0μL、pF-IL18-HA1 6.0μL、*BamH* I 1.0μL、*Hind* III 1.0μL、*Xho* I 1.0μL、*Kpn* I 1.0μL、ddH_2O 6.0μL，总体积 20μL。

为了进一步确定所得到的阳性克隆，将经以上鉴定为阳性的重组质粒 pF-IL18- HA1 菌液委托上海生工生物工程有限公司进行序列测定，并用 DNAStar. Lasergene（Version 7.1）软件分析插入片段的正确性。最终筛选出所需要的阳性重组质粒 pF-IL18-HA1。

(七) 重组质粒的转座(即重组Bacmid的构建)

1. DH10Bac™感受态细胞的制备

(1) 从LB(Kan^+)固体平板上挑取新鲜活化的DH10Bac™单菌落,接种于含2mL LB液体培养基(Kan^+)的250mL三角烧瓶中,37℃振荡培养过夜,次日按1%转种于同样培养基中,继续振荡培养至OD_{600}值达到0.6左右时取出。

(2) 无菌条件下将细菌转移到无菌的用冰预冷的50mL聚丙烯离心管中,在冰上放置10min,使培养物冷却至0℃,然后于4℃以4 000rpm离心10min,倒出培养液,将管倒置1min使残留液体流尽。

(3) 用10mL冰预冷的0.1mol/L$CaCl_2$溶液重悬细胞沉淀,小心混匀后冰上放置5min,于4℃以4 000rpm离心10min,回收菌体;倒出培养液,将管倒置1min使残留液体流尽。

(4) 用1mL冰预冷的含15%甘油的0.1mol/L$CaCl_2$重悬细胞沉淀,小心混匀后冰上放置5min,即制成感受态细胞悬液;用冷却的无菌吸头将感受态细胞分装于预冷的无菌微量离心管中,每管200μL,可立即使用或放入-70℃保存。

2. 重组质粒转座DH10Bac™感受态细胞

将鉴定正确的重组质粒pF-IL18、pF-VP2、pF-IL18-VP2、pF-HA1、pF-IL18-HA1和空载体pFastBac™ Dual纯化后转化至大肠杆菌DH10Bac™感受态细胞中,转化方法如下:

(1) 将含有100μL DH10Bac感受态细胞的EP管放置于冰浴中;取以上重组质粒和空载体各5μL,加入DH10Bac感受态细胞中,充分混匀,冰浴30min;42℃水浴热激恰好45s;冰浴冷却2~3min。

(2) 加入900μL LB液体培养基,37℃ 225rpm振荡培养4h;将细胞用LB培养液稀释成10^{-1}、10^{-2}、10^{-3}(稀释方法:100μL

转座混合物加到900μL的LB培养基中，进行10倍稀释，依次进行10倍稀释)；每个稀释度取100μL加到LB琼脂平板上，涂布均匀。

(3) 37℃孵育24~48h (24h之前克隆很小，蓝色克隆可能看不见)，挑取白色菌落再进行划线培养；进行两次纯培养，如果形成的菌落仍为白色，则说明是阳性克隆菌；选择比较大的纯白色克隆接种到含有抗生素及X-Gal和IPTG的培养基 (Kan^+、Gen^+、Tet^+) 上，用于分离重组Bacmid DNA。

(八) 重组Bacmid DNA的提取及鉴定

根据Bac-to-Bac表达系统的说明书提取重组质粒Bacmid-IL18 (rBac-IL18)、Bacmid-VP2 (rBac-VP2)、Bacmid-IL18-VP2 (rBac-IL18-VP2)、Bacmid-HA1 (rBac- HA1)、Bacmid-IL18-HA1 (rBac-IL18-HA1) 及空Bacmid质粒，用M13上下游引物进行PCR鉴定。具体操作如下：

(1) 用接种环接种阳性克隆于2mL LB液体培养基 (Kan^+、Gen^+、Tet^+) 中。此培养基盛放在15mL的有盖子的塑料离心管中，于37℃震摇培养至少24h。

(2) 取1.5mL培养物于1.5mL微量离心管中，14 000rpm离心1min；弃上清后用300μL溶液Ⅰ重悬，再加300μL溶液Ⅱ，轻轻混匀，室温放置5min；缓慢加入300μL 3M醋酸钾，轻轻混匀，室温下放置5min；4 000rpm离心10min。在离心的过程中将另一离心管做好标记，并且加入800μL无水异丙醇。

(3) 轻将上清吸入做好标记的离心管中，轻轻上下颠倒混匀几次，于冰上5~10min；室温、14 000rpm离心15min；弃上清，每管中加入500μL 70%乙醇，上下颠倒几次，14 000rpm离心5min，重复洗两遍；吸干上清，室温干燥5~10min；用40μL的TE溶解DNA，轻弹管底，一般10min可完全溶解；用分光光

度计测量DNA浓度后4℃保存备用。

应用M13上下游引物对重组Bacmid DNA进行PCR鉴定，反应体系如下：10×PCR Buffer 5μL、dNTPs（各10mmol/L）1μL、Mg^{2+} 3μL、P7（25μmol/L）1.25μL、P8（25μmol/L）1.25μL、重组Bacmid质粒1μL、rTaq DNA聚合酶0.5μL、dd H_2O 37μL，总体积50μL。

PCR反应条件为93℃ 3min充分变性后进入循环体系94℃ 45s、55℃ 45s、72℃ 5min，共30个循环，然后72 ℃延伸7min。用含有EB的0.7%琼脂糖凝胶上样电泳，观察扩增结果。

（九）重组Bacmid转染sf9昆虫细胞及收获重组杆状病毒

1. 重组Bacmid转染sf9昆虫细胞

根据Invitrogen公司的Bac-to-Bac杆状病毒表达系统说明书提供的方法进行转染，操作步骤如下：

（1）取培养2~3天处于对数生长期且活力大于95%的sf9昆虫细胞接种于6孔细胞培养板中，每孔中加入2mL，共含9×10^5个细胞；即细胞密度为4.5×10^5个细胞/mL；让细胞在27℃至少静置1h。

（2）在灭菌离心管中准备以下溶液：溶液A：将1μg（约2.5μL）小量提取的Bacmid DNA（rBac-IL18、rBac-VP2、rBac-IL18-VP2、rBac-HA1与rBac-IL18-HA1）稀释于100μL无抗生素的sf-900 II SFM中。溶液B：取8μL转染试剂Cellfectin ReagentⅡ稀释于100μL无抗生素的sf-900 II SFM中(转染试剂使用之前应先充分混匀)。混合溶液A、B，轻轻混匀，室温放置30min进行温育。

（3）在DNA-脂质体转染试剂混合液温育的同时，除去细胞培养板中细胞上旧培养液，并用2mL新鲜的无抗生素的sf-900II

SFM 洗细胞 sf9 一次，除去洗涤用培养液；加 800μL sf-900II SFM 于盛有 DNA-转染试剂混合液的离心管中，轻轻混匀，然后将该混合液逐滴加入含有 sf9 细胞的细胞培养板孔中；27℃培养箱中培养 5h。

（4）除去 DNA-转染试剂混合液，并加入 2mL 含有抗生素的 sf-900II SFM，27℃培养箱继续培养，至细胞出现病变后（一般 72h），收集细胞培养上清，3 000rpm 离心 5min，吸取上清即为 P1 代病毒液。同时设空 Bacmid 阴性对照。

2. 重组杆状病毒的收获及其 DNA 的提取

参照《分子克隆实验指南》介绍的方法提取杆状病毒 DNA，用 M13 通用引物进行 PCR 扩增，含有目的片段的即为重组杆状病毒。将上述 P1 代病毒接种于对数生长期的 sf9 细胞，27℃培养，当 90%细胞出现病变时，收集细胞和细胞培养上清备用；从细胞和细胞培养上清中提取重组杆状病毒 DNA，步骤如下：

（1）细胞悬液反复冻溶 3 次，4℃ 12 000rpm 离心 5min；取 437.5μL 上清液加到 EP 管中；加入 12.5μL 20mg/mL 蛋白酶 K 和 50μL 10% SDS，轻轻混匀，37℃水浴 30min；加入 500μL 酚/氯仿，轻轻混匀，4℃12 000rpm 离心 10min。

（2）上层水相移入另一新的 EP 管，加入等体积的氯仿，轻轻混匀，4℃ 12 000rpm 离心 10min；再将上层水相移入另一新的 EP 管中，加入 1/10 体积的 3mol/L NaAc（pH5.2）和 2 倍体积的冷乙醇，-20℃放置过夜。

（3）4℃ 12 000rpm 离心 15min，弃上清，加入 500μL 无水乙醇，-20℃放置 3h；4℃ 12 000rpm 离心 15min，沉淀用 20μL 灭菌水溶解，-20℃保存备用。

3. 重组杆状病毒 DNA 的鉴定

以提取的重组杆状病毒 DNA 为模板，用 M13 通用引物进行 PCR 扩增鉴定，反应体系如下：10×PCR Buffer 5μL、dNTPs（各

10mmol/L) 1μL、Mg^{2+} 3μL、P7 (25μmol/L) 1.25μL、P8 (25μmol/L) 1.25μL、重组杆状病毒DNA 1μL、rTaq DNA聚合酶0.5μL、dd H_2O 37μL，总体积50μL。

PCR反应条件为93℃ 3min充分变性后进入循环体系94℃ 45s、55℃ 45s、72℃ 5min，共30个循环，然后72℃延伸7min。用含有EB的0.8%琼脂糖凝胶上样电泳，观察扩增结果。

4. 扩增P1代病毒原液

P1代病毒液是小范围的、较低滴度的原液，必须进行扩增使其达到一定的滴度才能用于感染细胞表达目的蛋白。扩增方法如下：

(1) 取培养2~3天处于对数生长期且活力大于95%的sf9昆虫细胞接种于6孔细胞培养板中，每孔中加入2mL，含2×10^6个细胞，室温下培养细胞1h使其贴壁；即细胞密度为1×10^6个细胞/mL。

(2) 贴壁1h后，在倒置显微镜下观察细胞证实已经贴壁完全；向每个孔中加入适量的P1代病毒原液（应在0.05~0.1MOI范围内扩增）；所需体积=［MOI（pfu/cell）×细胞数］/病毒滴度（pfu/mL）；条件优化后用MOI=0.1。

(3) 在27℃培养箱中培养48h至细胞出现病变；感染48h后从每个孔中收集含有病毒的培养上清并转移到15mL无菌离心管中，3 000rpm离心5min去除细胞和大的碎片；也可在感染后较晚时间（如72h）收获病毒。最佳收获时间的确定应取决于每种所构建的杆状病毒。谨记：因为细胞溶解超时间收获病毒会降低其活性。

(4) 转移上清即P2代病毒液至一个新的、无菌的离心管中，于4℃避光保存，也可于-80℃长期保存；但是当病毒贮存于-80℃时间太长，病毒滴度一般也会降低。

(5) 按上述方法进行扩增至P3代病毒液。

5. 噬斑测定病毒滴度

噬斑测定可以测定病毒滴度并能用于纯化病毒，具体操作方法如下：

（1）取培养2~3天处于对数生长期且活力大于95%的sf9昆虫细胞接种于6孔细胞培养板中，每孔中加入2mL，含细胞5×10^5个/mL，细胞悬浊液加入细胞培养板后要上下左右晃匀，尽量避免细胞堆积在孔中间或孔四周；即细胞密度为2.5×10^5个细胞/mL。

（2）室温下无菌培养1h使细胞全部贴壁；在sf-900 Ⅱ SFM中准备重组杆状病毒液的8管倍比稀释液（10^{-8}~10^{-1}）；在12mL离心管中将0.5mL病毒液连续地稀释到4.5mL培养基中。

（3）在超净工作台内，除去培养板每个孔内的培养液，并加入相对应的病毒稀释液1mL（10^{-8}~10^{-3}），每个稀释度重复2个孔；室温下培养含有病毒液的细胞1h，然后将细胞放入超净工作台上。

（4）依照从高稀释度到低稀释度的顺序，除去每个孔中的病毒液，并快速加入2mL噬斑培养液，均匀铺盖在细胞层表面；在100mL空瓶中加入30mL sf-900 Ⅱ噬斑培养液（1.3X）和10mL 4%低溶点琼脂糖溶液，并轻轻混匀。必须迅速操作，融化的琼脂糖5min后开始凝固。将配好的噬斑培养液的瓶子重新放入40℃水浴中直至使用。

（5）将细胞培养板室温下放置10~20min，使琼脂糖凝固；凝固后将培养板放入加湿的27℃培养箱中培养4~10天，每天观察平板直至空斑计数连续两天不变为止。当病毒滴度达到10^7~10^8pfu/mL时进行转染表达。

（十）mChIL-18、VP2及HA1在sf9昆虫细胞中的单独或同时表达

（1）在24孔细胞培养板中的每孔中接种2mL培养2~3天处于对数生长期且活力大于95%的sf9昆虫细胞，共含细胞6×10^5个，让细胞贴壁至少30min；即细胞密度为2.5×10^5个细胞/mL。

（2）去除培养液并用新鲜的生长培养基洗涤细胞一次，用300μL新鲜培养基取代；每孔中以需要的MOI添加重组杆状病毒原液，同时设空杆状病毒和未感染细胞为阴性对照。

（3）27℃培养箱中培养细胞；分别在24、48、72、96、120、144h收获细胞及其上清；去除培养液并用无血清培养基漂洗细胞一次收获细胞，用超声波裂解仪破碎收获的sf9细胞。超声裂解条件为：超声1s，间隔2s，时间10min，然后3 000rpm离心10min，分别收获细胞裂解上清及细胞裂解沉淀，将沉淀重悬于PBS（pH7.4）中。

（十一）sf9昆虫细胞表达蛋白的鉴定

1. SDS-PAGE蛋白质电泳分析

将收集的各样品（上清、细胞裂解上清及细胞裂解沉淀）加入等体积的2×SDS-PAGE Loading Buffer，煮沸裂解5min，冰浴2min，12 000rpm离心10min，取上清-20℃保存备用。参照分子克隆实验指南操作（萨姆布鲁克，2002），具体步骤如下：

（1）按照电泳装置的使用说明，装好洁净干燥的玻璃板。

（2）12%分离胶的制备，成分如下：30%丙烯酰胺混合液4.0mL、1.5M Tris（pH8.8）2.5mL、10%SDS 0.1mL、10%过硫酸铵0.1mL、TEMED 0.004mL、ddH_2O 3.3mL，总体积10mL。各成分加入后迅速旋涡混匀，用微量移液器将其小心地注入准备

好的玻璃板间隙中，并为积层胶留出足够空间。轻轻在顶层加入一薄层水封顶，以防止空气中的氧对凝胶聚合的抑制作用。凝胶聚合完成后，倒掉覆盖的水层，用水清洗凝胶顶部数次，用滤纸吸干凝胶顶端的水。

（3）5%积层胶的制备，成分如下：TEMED 0.002mL、30%丙烯酰胺混合液 0.33mL、1.0M Tris（pH6.8）0.25mL、10%SDS 0.02mL、10%过硫酸铵 0.02mL、ddH_2O 1.4mL，总体积 2mL。各成分加入后迅速旋涡混匀，用微量移液器将其灌注到分离胶上，灌满后小心插入加样梳，尽可能避免产生气泡。

（4）待积层胶凝固后，小心拔下梳子；将凝胶固定于电泳装置上，加入足量的1×Tris-甘氨酸电泳缓冲液，在加样孔中分别加入 20μL 各样品；样品在积层胶中电泳时，使用 80V 电压，待溴酚蓝带进入分离胶后，将电压升至 120V，继续电泳直至溴酚蓝带到达分离胶的底部且开始泳出胶底面，关闭电源。

（5）卸下凝胶，将其浸泡在至少 5 倍体积的考马斯亮蓝 R-250 染色液中，置水平摇床上室温染色至少 4h；取出染色的凝胶并回收染液，以备再用；将凝胶浸泡于考马斯亮蓝脱色液中，在水平摇床上脱色 4~8h，其间更换脱色液 3~4 次，直至凝胶脱色到条带清晰为止，观察记录结果并拍照。筛选出最佳表达条件。测定表达产物的相对含量。

2. IFA 鉴定

按照（十）中方法感染细胞表达蛋白并做阴性对照，具体步骤如下：

（1）待细胞病变明显时吸出上清液弃掉，用 PBS 洗涤细胞板 3 遍；用预冷的丙酮：乙醇（3：2）固定细胞 7~8min，用 PBS 洗涤 3 遍。

（2）加一抗（兔抗鸡 mChIL18 多克隆抗体和 IBDV 阳性血清/AIV 阳性血清）覆盖细胞即可，37℃孵育 1h，PBS 洗涤 3

次；加入二抗（TRITC 标记的抗兔 IgG 和 FITC 标记的抗鸡 IgG），37℃孵育 1h，PBS 洗涤 3 次。

（3）覆盖少许 50%甘油封片，于 4℃保存或直接荧光显微镜下观察。

三、结果

（一）重组转移载体的构建与鉴定

1. mChIL-18 基因的克隆、序列测定及其分析

依据 GenBank 上已发表的 mChIL-18 成熟蛋白基因序列设计了一对针对杆状病毒表达载体 pFastBacDual™的特异性引物，以本实验室保存的重组质粒 pMD18-T-mChIL-18 为模板来扩增 mChIL-18 基因，通过 PCR 扩增获得了约 510bp 大小的目的片段（如图 3-4 所示），与预期结果相符。

目的片段与载体 pFastBacDual™的线性化片段进行连接后成功转化 DH5α 感受态细胞，选取疑似阳性的白色转化菌落扩大培养，提取重组质粒 pF-IL 进行 PCR 鉴定和双酶切鉴定（*BamH* Ⅰ和 *Hind* Ⅲ），均出现目的片段条带（如图 3-5 所示）。

将鉴定为阳性的重组质粒 pF-IL 菌液送往上海生工生物工程有限公司进行序

列测定，测序结果利用 DNAStar. Lasergene（Version 7. 1）软件分析插入片段的正确性。结果表明，编码 mChIL-18 的基因已经完全正确地插入到 pFastBacDual™载体的 PH 启动子下游的多克隆位点上。测序结果中 mChIL-18 的基因序列与 GenBank 上的序列进行比较分析，表明两者核苷酸同源性为 100%，无碱基突变出现。

2. VP2 基因的克隆、序列测定及其分析

依据 GenBank 上已发表的 VP2 成熟蛋白基因序列设计了一

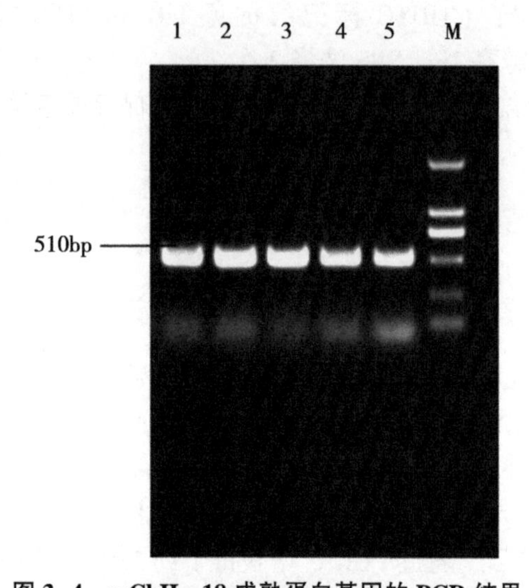

图 3-4　mChIL-18 成熟蛋白基因的 PCR 结果

Fig. 3-4　The result of PCR amplification of gene of mChIL-18 gene

M：DNA Marker DL2000；1-5：PCR 扩增目的片段

M：DNA Marker DL2000；1-5：the amplified fragments of PCR

对针对杆状病毒表达载体 pFastBacDual™的特异性引物，以重组质粒 pMD18-T-VP2 为模板来扩增 VP2 基因，通过 PCR 扩增获得了约 1362bp 大小的目的片段（如图 3-6 所示），与预期结果相符。

目的片段与载体 pFastBacDual™的线性化片段进行连接后成功转化 DH5α 感受态细胞，选取疑似阳性的白色转化菌落扩大培养，提取重组质粒 pF-VP2 进行 PCR 鉴定和双酶切鉴定（*Xho* I 和 *Kpn* I），均出现目的片段条带（如图 3-7 所示）。

将鉴定为阳性的重组质粒 pF-VP2 菌液送往上海生工生物工程有限公司进行序列测定，测序结果利用 DNAStar. Lasergene（Version 7. 1）软件分析插入片段的正确性。结果表明，编码

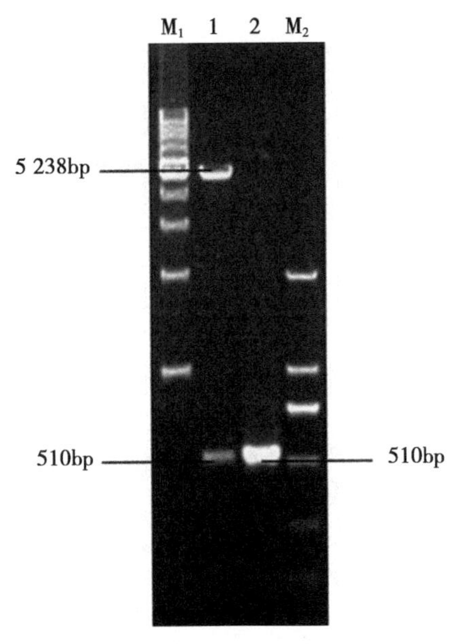

图 3-5 重组质粒 pF-IL 的 PCR 鉴定和双酶切鉴定结果

Fig. 3-5 PCR amplification and restriction enzyme analysis of the recombinant plasmid pF-IL

M_1：15 000bp DNA Marker；1：pF-IL/*BamH* I +*Hind* Ⅲ；2：pF-IL PCR 产物；M_2：DNA Marker DL2000

M_1：15 000bp DNA Marker；1：pF-IL/*BamH* I +*Hind* Ⅲ；2：Amplified product of pF-IL；M_2：DNA Marker DL2000

VP2 的基因已经完全正确地插入到 pFastBacDual^{TM}载体的 P10 启动子下游的多克隆位点上。测序结果中 VP2 的基因序列与 GenBank 上的序列进行比较分析，表明两者核苷酸同源性为 100%，无碱基突变出现。

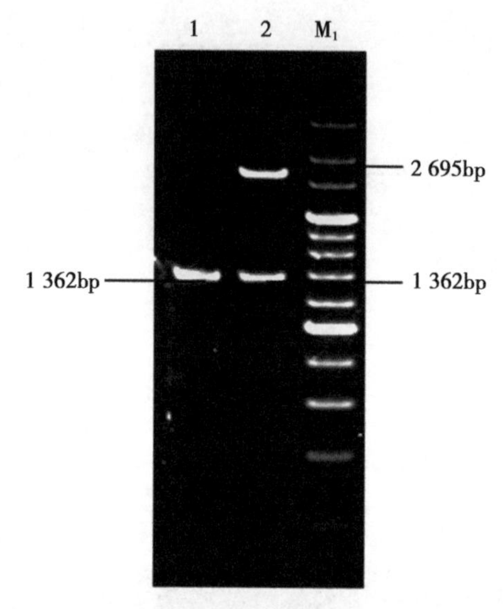

图 3-6　pMD18-T-VP2 的 PCR 及双酶切鉴定

Fig. 3-6　PCR amplification and restriction enzyme analysis of T-VP2

1：T-VP2 的 PCR 结果；2：T-VP2 的双酶切结果；M_1：200bp Ladder Marker

1：Amplified product of T－VP2；2：T－VP2 / *Xho* I＋*Kpn* I；M_1：200bp Ladder Marker

3. HA1 基因的克隆、序列测定及其分析

依据 GenBank 上已发表的 HA1 成熟蛋白基因序列设计了一对针对杆状病毒表达载体 pFastBacDual™的特异性引物，以重组质粒 pMD18-T-HA1 为模板来扩增 HA1 基因，通过 PCR 扩增获得了约 990bp 大小的目的片段（如图 3-8 所示），与预期结果相符。

目的片段与载体 pFastBacDual™的线性化片段进行连接后成功转化 DH5α 感受态细胞，选取疑似阳性的白色转化菌落扩大培养，提取重组质粒 pF-HA1 进行 PCR 鉴定和双酶切鉴定（*Xho* I

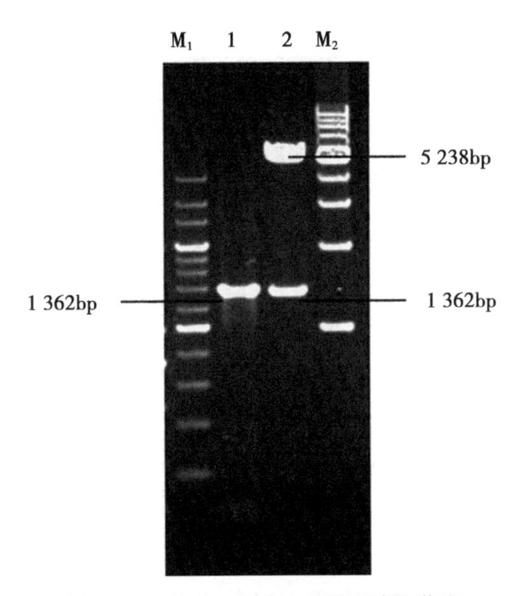

图 3-7 pF-VP2 的 PCR 及双酶切鉴定

Fig. 3-7 PCR amplification and restriction enzyme analysis of pF-VP2

M_1：200bp Ladder Marker；1：pF-VP2 的 PCR 结果；2：pF-VP2 的双酶切结果；M_2：1kbp Ladder Marker

M_1：200bp Ladder Marker；1：Amplified product of pF-VP2；2：pF-VP2/*Xho* I+*Kpn* I；M_2：1kbp Ladder Marker

和 *Kpn* I)，均出现目的片段条带（如图 3-9 所示）。

将鉴定为阳性的重组质粒 pF-VP2 菌液送往上海生工生物工程有限公司进行序列测定，测序结果利用 DNAStar. Lasergene (Version 7.1) 软件分析插入片段的正确性。结果表明，编码 VP2 的基因已经完全正确地插入到 pFastBacDual™载体的 P10 启动子下游的多克隆位点上。测序结果中 VP2 的基因序列与 GenBank 上的序列进行比较分析，表明两者核苷酸同源性为 100%，无碱基突变出现。

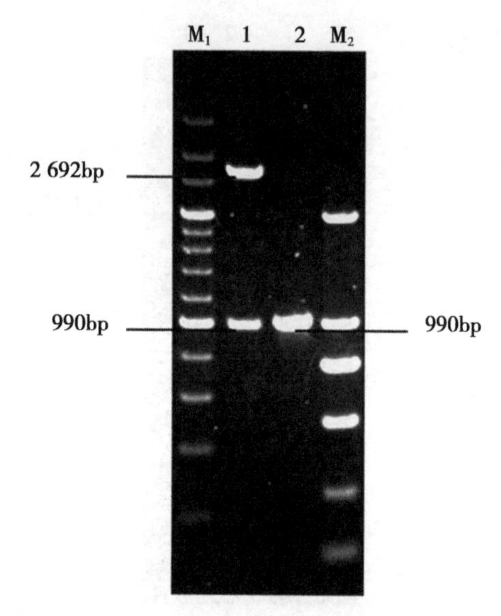

图 3-8 pMD18-T-HA1 的 PCR 及双酶切鉴定

Fig. 3-8 PCR amplification and restriction enzyme analysis of T-HA1

M_1：200bp Ladder Marker；1：T-HA1 的 PCR 结果；2：T-HA1 的双酶切结果；M_2：DNA Marker DL2000

M_1：200bp Ladder Marker ；1：Amplified product of T-HA1；2：T-HA1 / *Xho* I+*Kpn* I；M_2：DNA Marker DL2000

4. pF-IL18-VP2 共表达重组杆状病毒转移载体的构建

对构建的 pF-IL18-VP2 重组质粒进行 *BamH* I、*Hind* III、*Xho* I 和 *Kpn* I 四酶切鉴定，结果切出了 510bp 的目的片段 mChIL-18、1362bp 的目的片段 VP2、约 5.2kb 的线性化 pFast-Bac™dual 质粒片段及约 273bp 的小片段（图 3-10）。

将鉴定为阳性的重组质粒 pF-IL18-VP2 菌液送往上海生工生物工程有限公司进行序列测定，测序结果利用 DNAStar. Lasergene（Version 7.1）软件分析插入片段的正确性。结果

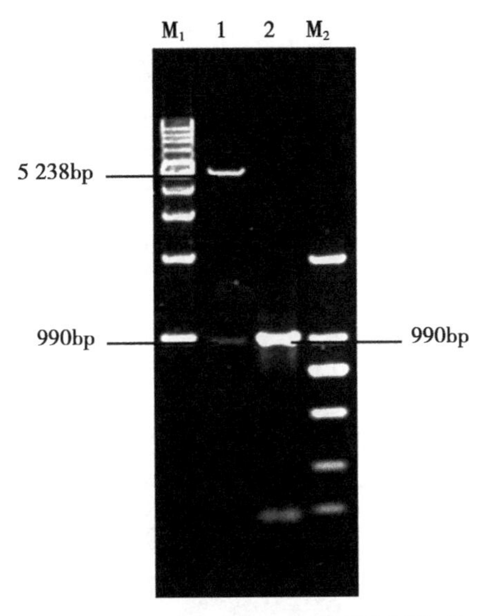

图 3-9 pF-HA1 的 PCR 及双酶切鉴定

Fig. 3-9 PCR amplification and restriction enzyme analysis of pF-HA1

M_1：1kbp Ladder Marker；1：pF-HA1 的 PCR 结果；2：pF-HA1 的双酶切结果；M_2：DNA Marker DL2000

M_1：1kbp Ladder Marker；1：Amplified product of pF-HA1；2：pF- HA1 / *Xho* I+*Kpn* I；M_2：DNA Marker DL2000

表明，编码 mChIL-18 的基因已经完全正确地插入到 pFastBacDual™载体的 PH 启动子下游的多克隆位点上；而编码 VP2 的基因已经完全正确地插入到 pFastBacDual™载体的 P10 启动子下游的多克隆位点上。

5. pF-IL18-HA1 共表达重组杆状病毒转移载体的构建

对构建的 pF-IL18-HA1 重组质粒进行 *BamH* I、*Hind* III、*Xho* I 和 *Kpn* I 四酶切鉴定，结果切出了 510bp 的目的片段 mChIL-18、990bp 的目的片段 HA1、约 5.2kb 的线性化

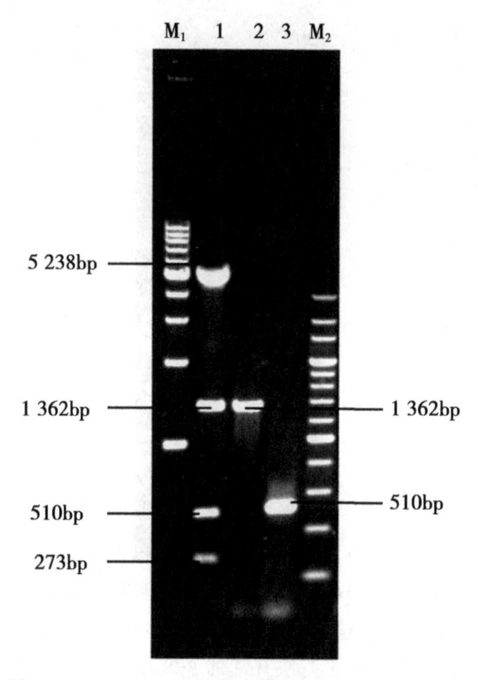

图 3-10　pF-IL18-VP2 的 PCR 及四酶切鉴定

Fig. 3-10　PCR amplification and restriction enzyme analysis of pF-IL18-VP2

M_1：1kbp Ladder Marker；1：pF-IL18-VP2 的四酶切结果；2：pF-IL18-VP2 中 VP2 的 PCR 结果；3：pF-IL18-VP2 中 IL18 的 PCR 结果；M_2：200bp Ladder Marker

M_1：1kbp Ladder Marker；1：pF-IL18-VP2 / *BamH* Ⅰ+*Hind* Ⅲ+*Xho* Ⅰ+*Kpn* Ⅰ；M_2：200bp Ladder Marker；2：Amplified product of VP2 in pF-IL18-VP2；3：Amplified product of IL18 in pF-IL18-VP2

pFastBac™dual 质粒片段及约 273bp 的小片段（图 3-11）。

将鉴定为阳性的重组质粒 pF-IL18-HA1 菌液送往上海生工生物工程有限公司进行序列测定，测序结果利用 DNAS-

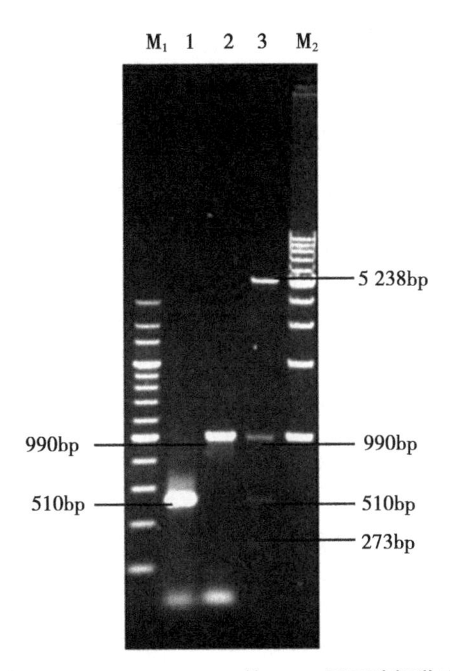

图 3-11 pF-IL18-VP2 的 PCR 及四酶切鉴定

Fig. 3-11 PCR amplification and restriction enzyme analysis of pF-IL18- HA1

M_1：200bp Ladder Marker；1：pF-IL18-HA1 中 IL18 的 PCR 结果；2：pF-IL18-HA1 中 HA1 的 PCR 结果；3：pF-IL18-HA1 四酶切结果；M_2：1kbp Ladder Marker；

M_1：200bp Ladder Marker；1：Amplified product of HA1 in pF-IL18-HA1；M_2：1kbp Ladder Marker；2：Amplified product of IL18 in pF-IL18-HA1；3：pF-IL18-VP2 / *BamH* I+*Hind* Ⅲ+*Xho* I+*Kpn* I

tar. Lasergene（Version 7.1）软件分析插入片段的正确性。结果表明，编码 mChIL-18 的基因已经完全正确地插入到 pFastBacDual™载体的 PH 启动子下游的多克隆位点上；而编码 HA1 的基因已经完全正确地插入到 pFastBacDual™ 载体的 P10 启动子下游的多克隆位点上。

（二）重组 Bacmid 的筛选与鉴定

按照说明书 Bacmid M_r 比较大（>135kb），所以不能采用酶切的方法对插入片段进行鉴定，只能通过 PCR 扩增鉴定（图 3-12）。以未插入外源基因的空 Bacmid 为模版，用 M13 通用引物进行 PCR 扩增，扩增部位为 Bacmid DNA 的 Mini-attTn7 元件，结果扩增出 M_r 约为 273bp 的条带；而以含有目的基因的 rBacmid（rBac-IL18、rBac-VP2、rBac-IL18-VP2、rBac-HA1、rBac-IL18-HA1）为模板，扩增部位为重组 Bacmid 的 Tn7R、Tn7L 元件（分子量约为 2 560bp）和目的基因，结果得到了分子量约 3 070bp（2 560bp+510bp）、3 922bp（2 560bp+1 362bp）、4 432 bp（2 560bp+ 510bp + 1 362 bp）、3 550 bp（2 560bp+ 990bp）、4 060bp（2 560bp+ 510bp + 990bp）的片段，与预期结果一致（图 3-13）。

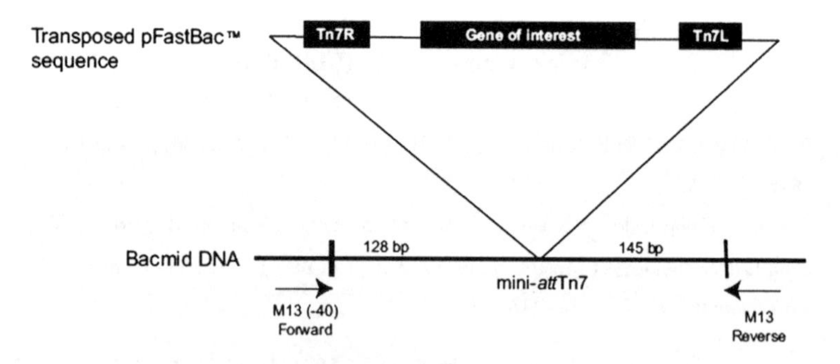

图 3-12　重组穿梭质粒 PCR 鉴定原理

Fig. 3-12　Principle of PCR indentification shuttle plasmid

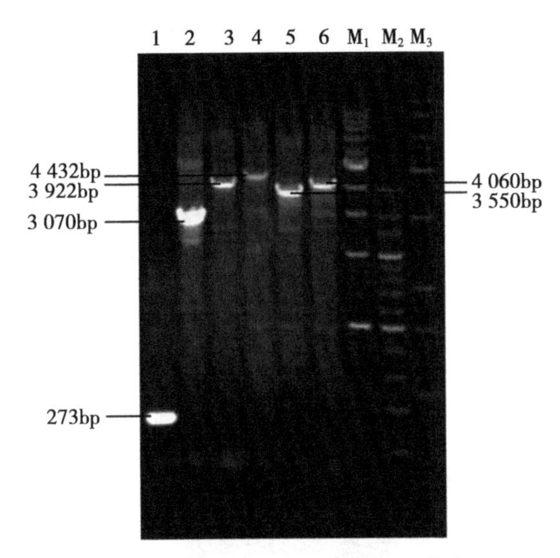

图 3-13 重组 Bacmid 的 PCR 鉴定

Fig. 3-13 PCR identification of recombinate Bacmid

1：Bacmid PCR 产物；2：rBac-IL18 PCR 产物；3：rBac-VP2 PCR 产物；4：rBac-IL18-VP2 PCR 产物；5：rBac-HA1 PCR 产物；6：rBac-IL18-HA1 PCR 产物；

M_1：15 000bp DNA Marker；M_2：200bp Ladder Marker；M_3：1kbp Ladder Marker

1：PCR product of Bacmid；2：PCR product of rBac-IL18；3：PCR product of rBac-VP2；4：PCR product of rBac-IL18-VP2；5：PCR product of rBac-HA1；6：PCR product of rBac-IL18-HA1；

M_1：15 000bp DNA Marker；M_2：200bp Ladder Marker；M_3：1kbp Ladder Marker

（三）重组杆状病毒的 DNA 鉴定

以提取的重组杆状病毒转染 sf9 收获的病毒所提取的 DNA 为模版，用 M13 通用引物进行 PCR 扩增，结果扩增出 *Mr* 约为 3 070bp、3 922bp、4 432bp、3 550bp、4 060bp 的条带，说明目的

基因已经随杆状病毒基因组整合入 sf9 细胞中（图 3-14）。

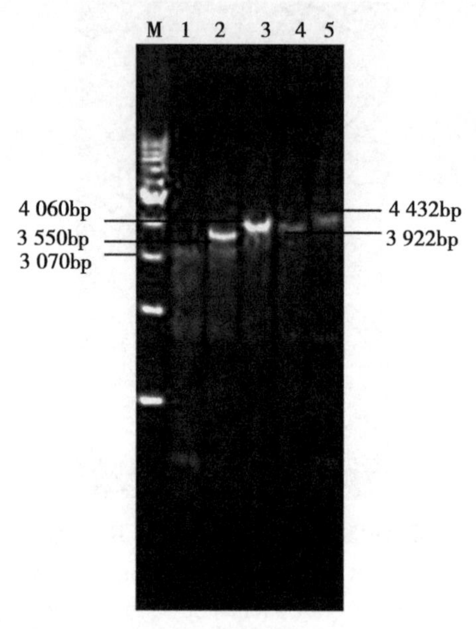

图 3-14　重组杆状病毒 DNA 的 PCR 鉴定

Fig. 3-14　PCR identification of DNA of recombinate baculovirus

M1：1kbp Ladder Marker；1：rBac-IL18 转染提取 DNA 的 PCR 产物；2：rBac-VP2 转染提取 DNA 的 PCR 产物；3：rBac-IL18-VP2 转染提取 DNA 的 PCR 产物；4：rBac-HA1 转染提取 DNA 的 PCR 产物；5：rBac-IL18-HA1 转染提取 DNA 的 PCR 产物

M1：1kbp Ladder Marker；1：rBac-IL18 DNA PCR products；2：rBac-HA1 DNA PCR products；3：rBac-IL18-HA1 DNA PCR products；4：rBac-VP2 DNA PCR products；5：rBac-IL18-VP2 DNA PCR products

（四）目的片段在 sf9 昆虫细胞中的表达

1. 重组杆状病毒的细胞病变观察

重组 Bacmid 转染 sf9 细胞后，约 48～96h，可见明显病变

（图3-15），感染病毒后细胞病变具体表现为：细胞直径增加、细胞核变大并充满整个胞浆、细胞核内出现颗粒，细胞透光性差，和阴性对照细胞比较细胞停止生长、细胞呈水泡状外观，病变后期细胞脱离瓶壁、开始破碎。而正常sf9细胞大小均匀，排列紧密，贴壁性好，折光性强。

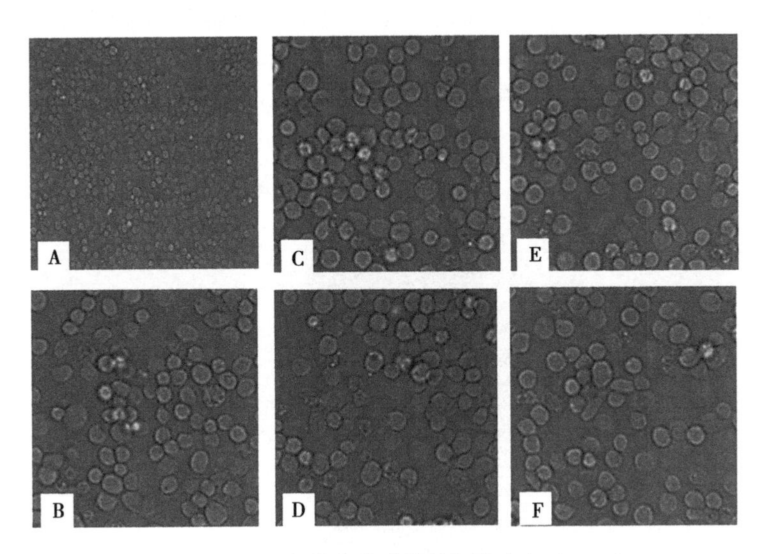

图3-15 重组杆状病毒感染的细胞病变（200×）

Fig. 3-15 Cell lesion infected recombinant baculovirus

A：正常sf9；B. rBac-IL18感染细胞病变；C：rBac-VP2感染细胞病变；D：rBac-IL18-VP2感染细胞病变；E：rBac-HA1感染细胞病变；F：rBac-IL18-HA1感染细胞病变

A：Normal sf9；B：Infected cells by rBac-IL18；C：Infected cells by rBac-VP2；

D：Infected cells by rBac-IL18-VP2；E：Infected cells by rBac-HA1；F：Infected cells by rBac-IL18-HA1

2. 表达产物的 SDS-PAGE 检测

在感染后不同时间收获培养上清和细胞，细胞经超声裂解后离心取超声上清，经 SDS-PAGE 分析，结果表明，在不同时间收集的细胞培养上清电泳后都未见目的条带；而 rBac-IL18 感染 48、72、96h 时收集的细胞裂解上清中有明显的条带，约为 20KD（图 3-16），这说明 mChIL-18 在昆虫细胞的裂解上清中得到了表达且表达蛋白是可溶性的；而 rBac-IL18-VP2 感染 48、72、96h 时收集的细胞裂解上清中有明显的条带，约为 20KD 和 48KD（图 3-17），这说明 mChIL-18 和 VP2 在昆虫细胞的裂解上清中得到了同时地、单独地表达且表达蛋白是可溶性的。

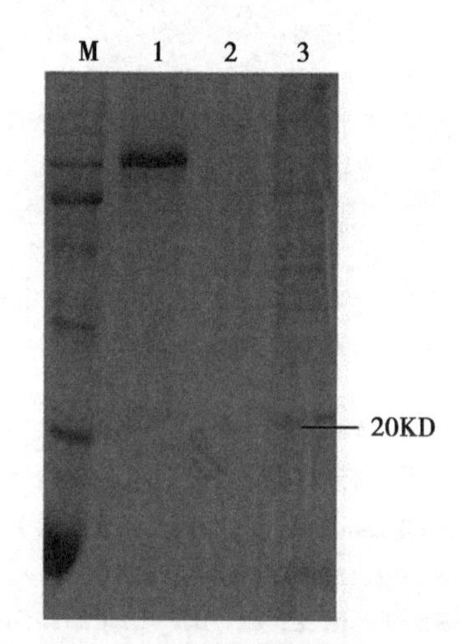

图 3-16　表达产物的 SDS-PAGE 分析

Fig. 3-16　SDS-PAGE analysis for expressing products

M：蛋白 marker；1：感染 rBac-IL18 的 sf9 的上清；2：正常 sf9 的裂解上清；3：感染 rBac-IL18 的 sf9 的裂解上清

M：protein marker；1：the supernatant of sf9 infected by rBac-IL18；2：the lysate supernatant of common sf9；3：the lysate supernatant of sf9 infected by rBac-IL18

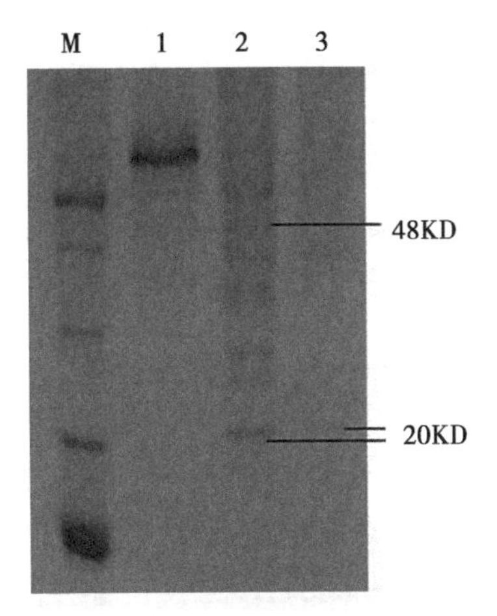

图 3-17 表达产物的 SDS-PAGE 分析

Fig. 3-17 SDS-PAGE analysis for expressing products

M：蛋白 marker；1：感染 rBac-IL18-VP2 的 sf9 的上清；2：感染 rBac-IL18-VP2 的 sf9 的裂解上清；3：感染 rBac-IL18 的 sf9 的裂解上清

M：protein marker；1：the supernatant of sf9 infected by rBac-IL18-VP2；2：the lysate supernatant of sf9 infected by rBac-IL18-VP2；3：the lysate supernatant of sf9 infected by rBac-IL18

3. 表达产物的 IFA 检测

IFA 检测结果显示，重组杆状病毒感染 sf9 细胞，在荧光显微镜下分别用相应的激发光照射，细胞胞浆内出现很强的免疫荧光，而野生杆状病毒感染的 sf9 细胞呈阴性反应。

（1）IFA 检测 mChIL-18 和 VP2 的表达情况。rBac-IL18 感染 sf9 细胞用 TRITC 标记的抗兔 IgG 作为二抗的细胞胞浆内出现很强的红色荧光，说明 mChIL-18 基因在 sf9 细胞中得到了表达；rBac-VP2 感染 sf9 细胞用 FITC 标记的抗鸡 IgG 作为二抗的细胞胞浆内出现很强的绿色荧光，说明 VP2 基因在 sf9 细胞中得到了表达；rBac-IL18-VP2 感染 sf9 细胞用 TRITC 标记的抗兔 IgG 和

FITC 标记的抗鸡 IgG 同时作为二抗，在荧光显微镜下同一视野中分别用相应的激发光照射，细胞胞浆内既能显示红色荧光又能显示绿色荧光，说明 mChIL-18 基因和 VP2 基因在 sf9 细胞中得到了同时表达，且表达产物存在于昆虫细胞内；而野生杆状病毒感染的 sf9 细胞呈阴性反应；同时设立空白细胞对照（图 3-18）。

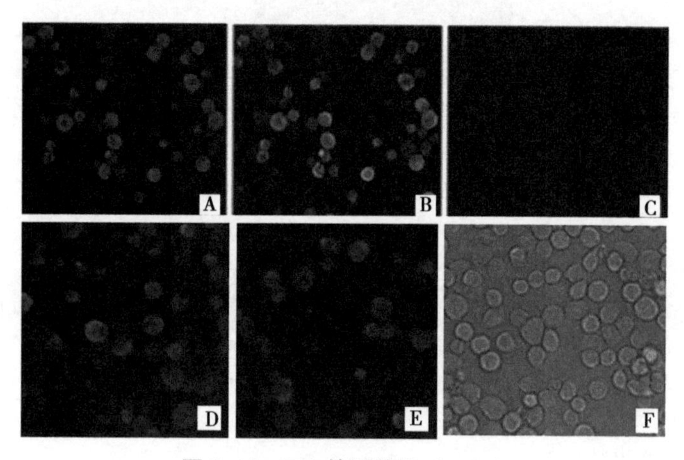

图 3-18 IFA 检测结果（200×）

Fig. 3-18 The results of IFA

A：rBac-IL18-VP2 转染的 sf9 细胞（TRITC 标记的二抗）；B：rBac-IL18-VP2 转染的 sf9 细胞（FITC 标记的二抗）；C：空 Bacmid 转染的 sf9 细胞 D：rBac-VP2 转染的 sf9 细胞（FITC 标记的二抗）；E：rBac-IL18 转染的 sf9 细胞（TRITC 标记的二抗）；F：sf9 细胞

A：sf9 cells transfected by rBac-IL18-VP2（TRITC-Conjugated AffiniPure antibody）；B：sf9 cells transfected by rBac-IL18-VP2（FITC-Conjugated AffiniPure antibody）；C：sf9 cells transfected by Bacmid；D：sf9 cells transfected by rBac-VP2（FITC-Conjugated AffiniPure antibody）；E：sf9 cells transfected by rBac-IL18（TRITC-Conjugated AffiniPure antibody）；F：sf9 cells

（2）IFA 检测 mChIL-18 和 HA1 的表达情况。rBac-IL18 感

染sf9细胞用TRITC标记的抗兔IgG作为二抗的细胞胞浆内出现很强的红色荧光，说明mChIL-18基因在sf9细胞中得到了表达；rBac-HA1感染sf9细胞用FITC标记的抗鸡IgG作为二抗的细胞胞浆内出现很强的绿色荧光，说明HA1基因在sf9细胞中得到了表达；rBac-IL18-HA1感染sf9细胞用TRITC标记的抗兔IgG和

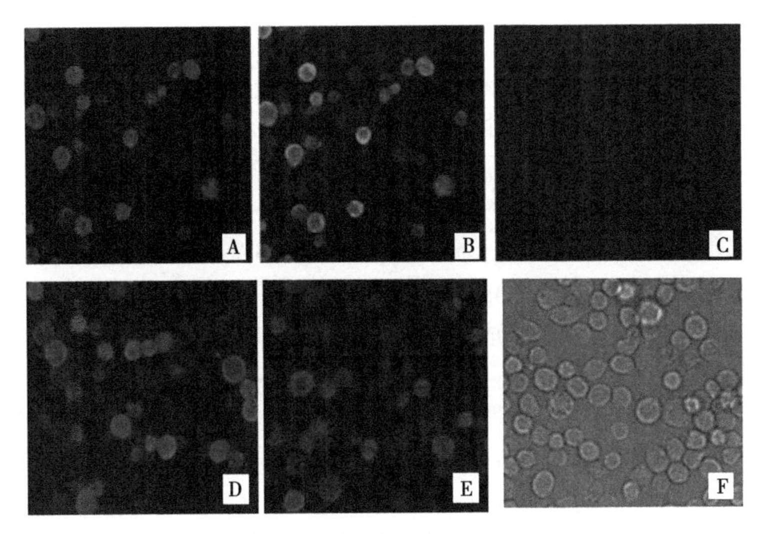

图3-19 IFA检测结果（200×）

Fig. 3-19 The results of IFA

A：rBac-IL18-HA1转染的sf9细胞（TRITC标记的二抗）；B：rBac-IL18-HA1转染的sf9细胞（FITC标记的二抗）；C：空Bacmid转染的sf9细胞 D：rBac-HA1转染的sf9细胞（FITC标记的二抗）；E：rBac-IL18转染的sf9细胞（TRITC标记的二抗）；F：sf9细胞

A：sf9 cells transfected by rBac-IL18-HA1（TRITC-Conjugated AffiniPure antibody）；B：sf9 cells transfected by rBac-IL18-HA1（FITC-Conjugated AffiniPure antibody）；C：sf9 cells transfected by Bacmid；D：sf9 cells transfected by rBac-HA1（FITC-Conjugated AffiniPure antibody）；E：sf9 cells transfected by rBac-IL18（TRITC-Conjugated AffiniPure antibody）；F：sf9 cells

FITC 标记的抗鸡 IgG 同时作为二抗，在荧光显微镜下同一视野中分别用相应的激发光照射，细胞胞浆内既能显示红色荧光又能显示绿色荧光，说明 mChIL-18 基因和 HA1 基因在 sf9 细胞中得到了同时表达，且表达产物存在于昆虫细胞内；而野生杆状病毒感染的 sf9 细胞呈阴性反应；同时设立空白细胞对照（图 3-19）。

四、讨论

IL-18 是一种多效性的细胞因子，在抗感染、抗肿瘤以及免疫调节等方面所发挥的作用，预示着它具有潜在的临床应用前景，在医学上已经成为研究热点。由于 IL-18 分子没有信号肽，其前体无活性，ICE 可选择性地在 IL-18 的特异性位点切割，使之成为有活性的成熟蛋白（Lorey et al.，2004；Nagata et al.，2002）。本实验室已经成功克隆了 mChIL-18 cDNA 基因的克隆和原核表达（胡敬东等，2004）。用 His 标签融合表达的鸡 IL-18 重组蛋白与 NDV 疫苗联合使用，检测抗体，IL-18 作为佐剂的效果优于氢氧化铝（Degen et al.，2005）。VP2 是 IBDV 主要结构蛋白，也是病毒的主要保护性抗原，现已鉴定的中和表位主要在 VP2 上，并且多为构想依赖性，这意味着重组 VP2 蛋白的立体结构对其免疫保护效力至关重要（Cui et al.，2003；欧阳伟等，2009）。AlanR 等人分别以重组 HA1、HA2 蛋白免疫大白鼠，用 ELISA 实验检测免疫鼠的抗血清，结果表明 HA1 和 HA2 重组蛋白均能够刺激机体产生中和抗体，HA1 蛋白的免疫原性优于 HA2 蛋白，在 HA1 蛋白分子表面至少存在 4 个抗原表位。此外，用纯化的 HA 蛋白免疫小鼠制备的单克隆抗体大部分是针对 HA1 蛋白的。因而，HA1 蛋白和 HA1 单克隆抗体已被作为检测 AIV 感染的诊断抗原和抗体，HA 蛋白或 HA1 蛋白是研制基因工程亚单位苗的理想候选抗原。利用杆状病毒表达系统，将昆

虫细胞感染dual杆状病毒（French，1990）或者感染不同的单一杆状病毒（Takehara，2000）来同时表达两个以上的基因。Gatehouse等和Hu等证明，本研究选用杆状病毒的pFastBacDual供体质粒拥有相互间具有一定竞争性的双启动子（ph启动了和p10启动了），可同时大量表达两个目的基因。双表达的蛋白能够保持各自独立的活性（Gatehouse et al.，2008；Hu et al.，2006）。

亚单位疫苗是目前比较快速发展的生物制品，可以提供基因免疫。亚单位疫苗有许多优点，如：不限转基因容量、克隆化、细胞毒性低、廉价、快速大批量生产还有能够产生体液免疫和细胞免疫等（O' Hagan et al.，2003；Liu et al.，2005）。

本实验选择pFastBac™ Dual杆状病毒表达载体，构建重组杆状病毒转移载体pF-IL18、pF-VP2、pF-IL18-VP2、pF-HA1 、pF-IL18-HA1。因为pFastBac™ Dual载体没有蛋白纯化标签，故扩增基因片段设计引物时引入了6×His标签用于检测和纯化。IFA检测显示mChIL-18蛋白分别与VP2蛋白、HA1蛋白同时在同一细胞中独立表达，阳性细胞占细胞总数的60%以上，表明在昆虫细胞中得到了高效表达。本实验中，从感染重组病毒后24h、48h、72h、96h、120h的sf9细胞培养上清和裂解沉淀中均未检测到重组蛋白，而是在感染后48h、72h、96h的sf9裂解上清液中检测到pF-IL18、pF-VP2、pF-IL18-VP2、pF-HA1、pF-IL18-HA1，因此我们选取72h收获的蛋白进行电泳及后续检测。曾有文献报道，使用杆状病毒表达系统能在细胞培养上清中检测到目的蛋白，但本研究中自感染后任何时间段都未曾在上清中检测到蛋白，这也与韩宗玺等（2004）的报道相一致。究其原因一方面可能是分泌到细胞外的蛋白量太少，所用方法检测不到；另一方面也可能是pFastBac™ Dual载体与所表达的目的蛋白均不含信号肽序列，因此表达产物存在于细胞内而不分泌到细胞外，具体原因尚待证实。

第二节 双表达产物 pF-IL18-VP2 和 pF-IL18-HA1 的生物学活性检测

基因工程亚单位疫苗是目前发展比较快速的生物制品，可以提供基因免疫。传染性法氏囊病（IBD）是一种急性、高度接触性传染病，病原为传染性法氏囊病病毒（IBDV）主要侵害雏鸡的法氏囊，造成免疫抑制病，使机体的免疫能力降低和疫苗免疫接种失败。IBDV 基因组中的 VP2 是病毒的主要保护性抗原，其点突变是造成经典疫苗免疫失败的主要原因。采用各种表达系统表达的 VP2 蛋白具有一定的免疫原性，但存在不能产生抗体或不能兼顾高攻毒保护率和囊损伤问题等缺点。高致病性禽流感 HPAI 是由甲型流感病毒 H5N1 引起的一种传染病，发病率和致死率较高。云水丽等研究表明共表达细胞因子 IL-2 和 H5 亚型 AIV HA 基因的重组鸡痘病毒免疫鸡后抗体水平明显高于单表达 H5 亚型 AIV HA 基因的重组鸡痘病毒。前人为获得共表达多采取将两个外源基因串连在一起，中间引入一个 Linker，重组表达蛋白必须在后续加工过程中进行剪切才能具有活性，否则两个蛋白因为连接在一起造成空间结构的相互干扰，导致重组蛋白即使通过变性和复性的过程也得不到有活性的蛋白。而昆虫细胞表达系统是将两个或多个携带一个外源基因的重组杆状病毒同时感染昆虫细胞，利用 P10 和 PH 双启动子能够同时获取两个或多个独立的外源重组蛋白。而且杆状病毒的天然宿主是昆虫，不能在哺乳动物细胞内复制病毒 DNA 以及增殖病毒，不会感染人。因此本试验选用 Bac-to-Bac 系统表达重组双表达蛋白 pHA1-IL18/ pF-IL18-VP2，并直接对未纯化的 pHA1-IL18/ pF-IL18-VP2 进

行生物学活性检测。为蛋白的免疫原性研究和新型疫苗的研制奠定基础。并为研究 pHA1-IL18/ pF-IL18-VP2 是否比 HA1 蛋白/VP2 蛋白和 mChIL-18 蛋白单独表达再混合使用的效果更好奠定了基础。

一、材料

（一）细胞及菌株

鸡脾淋巴细胞：用 SPF 鸡脾制备；鸡胚成纤维细胞（CEF）：用 9～10 天 SPF 鸡胚制备；水疱性口炎病毒（VSV）：由济南军区疾病预防控制中心马凤龙老师惠赠。

（二）所用试剂及耗材

甲基噻唑基四唑（MTT，298-93-1）购自 Sigma 公司；人淋巴细胞分离液（密度为 1.077±0.001g/L）购自索莱宝公司；6 孔、24 孔、96 孔细胞培养板、细胞冻存管和 96 孔酶标板购自 Costar 公司。

（三）主要仪器及设备

超净工作台（细胞培养用）：购自苏净集团安泰公司；CO2 培养箱：SANYO MCO175 型 日本 Electric Biomedical 有限公司。

二、方法

（一）重组 mChIL-18 蛋白促进鸡脾淋巴细胞增殖试验（MTT 法）

检测蛋白生物学活性的方法如下：

(1) 无菌取 35 日龄 SPF 鸡脾于灭菌小烧杯内，用剪刀剪碎，然后将破碎组织放在 200 目灭菌不锈钢筛网上，下面放上口径与筛网相当的烧杯，用注射器内芯轻轻研磨筛网上的破碎组织，加入适量的 PBS（pH7.4）缓冲液冲洗网面，制成脾细胞悬液；

（2）从烧杯中吸出细胞悬液放到无菌 EP 管中，室温 1 000 rpm 离心 15min，弃上清，加入适量红细胞裂解液，37℃水浴中放置 5min，使红细胞裂解；室温 1 000rpm 离心 15min，弃上清，收集细胞；用 PBS（pH 值 7.4）缓冲液吹洗 3 次，用适量 RPMI1640 培养液（含 2%胎牛血清和 100U/mL 青、链霉素）重悬并计数；经 0.4%台盼蓝染色确定细胞存活率达 95%以上，调整细胞密度为 2×10^6个/mL，接种于 96 孔板中，100μL/孔；

（3）将细胞分成 6 组，操作如下：pIL18 组：在每个细胞孔中加入不同浓度的 pIL18（rBacmid 转染 sf9 收获的裂解上清），浓度依次为 100、150、200、250、300、350、400ng/mL，每个浓度设四个重复；pVP2-IL18 组：在每个细胞孔中加入不同浓度的 pVP2-IL18（rBacmid 转染 sf9 收获的裂解上清），浓度依次为 100、150、200、250、300、350、400ng/mL，每个浓度设四个重复；pHA1-IL18 组：在每个细胞孔中加入不同浓度的 pHA1-IL18（rBacmid 转染 sf9 收获的裂解上清），浓度依次为 100、150、200、250、300、350、400ng/mL，每个浓度设四个重复；空 Bacmid 组：在每个细胞孔中加入空 Bacmid 转染 sf9 收获的裂解上清，100μL/孔，设四个重复；细胞对照组：在细胞板每个细胞孔中加 100μL 细胞；空白对照：在细胞板每个细胞孔中加 100μL RPMI1640 培养液。

（4）将细胞培养板于 37℃、5% CO_2 培养箱内培养 48h；每孔加入 20μL 5mg/mL 的 MTT，继续培养 4 h；每孔加入裂解液 100μL，混匀并在培养箱内裂解 2h，于酶标仪 570nm 处读取 OD 值。采用 SPSS 17.0 统计软件，对所测数据进行单因子方差分析

以检测差异显著性，结果以增殖指数（SI）表示。

（二）重组mChIL-18蛋白诱导鸡脾淋巴细胞产生IFN-γ

同（一）方法制备SPF鸡脾淋巴细胞悬液，经0.4%台盼蓝染色确定细胞存活率达95%以上后调整细胞密度为1×10^6~2×10^6个/mL。取2mL细胞悬液接种于24孔细胞培养板中，将细胞分成5组，每组及每个浓度各设4个重复，分组如下：

pIL18组：在每个细胞孔中加入不同浓度的pIL18（rBacmid转染sf9收获的裂解上清），浓度依次为50、100、150、200、250、300、350ng/mL，每个浓度设四个重复；

pVP2-IL18组：在每个细胞孔中加入不同浓度的pVP2-IL18（rBacmid转染sf9收获的裂解上清），浓度依次为50、100、150、200、250、300、350ng/mL，每个浓度设四个重复；

pHA1-IL18组：在每个细胞孔中加入不同浓度的pHA1-IL18（rBacmid转染sf9收获的裂解上清），浓度依次为50、100、150、200、250、300、350ng/mL，每个浓度设四个重复；

阴性对照组：加入经过滤除菌的空Bacmid转染sf9收获的裂解上清；

细胞对照组：在细胞板每个细胞孔上只加SPF鸡脾淋巴细胞；

空白对照组：在细胞板上只加RPMI 1640培养液，不加脾细胞。

将细胞培养板于37℃、5%CO_2培养箱诱导48h，取细胞培养上清作为被检样品，用微量细胞病变抑制法CEF-VSV系统检测细胞培养上清中IFN-γ的活性。

（三）重组mChIL-18蛋白诱导的IFN-γ对VSV的抑制活性

用9-10日龄SPF鸡胚制备成纤维细胞（CEF），取生长稳定而良好的CEF接种于96孔板中，每孔内含有CEF约10^4个，待细胞单层铺满孔底后，用维持培养液稀释pIL18、pVP2-IL18、pHA1-IL18和标定好的诱导淋巴细胞上清，pIL18、pVP2-IL18和pHA1-IL18稀释终浓度分别设100、150、200、250、300、350、400 ng/mL；诱导上清中的IFN-γ连续进行10倍倍比稀释，每孔分别加入100μL连续稀释的待测样品，每个稀释设8个重复，并设阴性和阳性细胞对照，37℃，5%CO_2培养24h，弃去孔中液体，然后用100个$TCID_{50}$的VSV攻毒，继续培养约24h，至阳性对照孔全部出现典型的细胞病变而阴性对照孔无病变时进行结果判定，将抑制50%细胞病变的干扰素的最高稀释度定为1个干扰素单位（U）。

三、结果

（一）蛋白促进鸡脾淋巴细胞增殖试验

鸡脾淋巴细胞增殖试验表明，不同浓度的pIL18、pVP2-IL18和pHA1-IL18均能够明显促进淋巴细胞的增殖，而空载体转染细胞表达所收获的裂解上清对脾淋巴细胞没有任何刺激转化作用（图3-20）。随着pIL18浓度的增加，刺激转化作用逐渐增强，当浓度为200ng/mL时，刺激转化效果最佳，增殖指数可达4.13，但随着蛋白浓度的增大，淋巴细胞的增殖指数逐渐降低；随着pVP2-IL18浓度的增加，刺激转化作用逐渐增强，当浓度为200ng/mL时，刺激转化效果最佳，增殖指数可达4.35，但随着蛋白浓度的增大，淋巴细胞的增殖指数逐渐降低；随着

pHA1-IL18浓度的增加，刺激转化作用逐渐增强，当浓度为200ng/mL时，刺激转化效果最佳，增殖指数可达4.09，但随着蛋白浓度的增大，淋巴细胞的增殖指数逐渐降低。

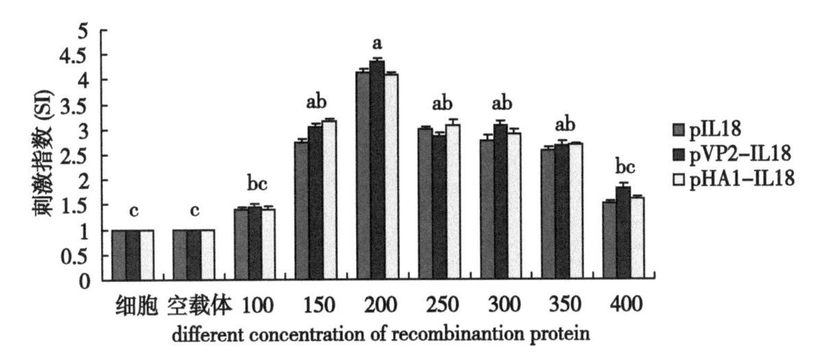

图3-20 不同浓度pIL18、pVP2-IL18和pHA1-IL18对淋巴细胞增殖实验结果

Fig. 3-20 The result of T lymphocyte proliferation to different concentration of pIL18、pVP2-IL18 and pHA1-IL18

注：图中柱形图肩注不同小写字母表示差异显著（$P<0.05$），肩注相同小写字母或无字母为差异不显著（$P>0.05$）。

Note: Means with the different letter significance at the P<0.05 level (a, b, c) or with the same letter or no letter significance at the P>0.05 level (a, b, c).

（二）蛋白诱导鸡脾淋巴细胞产生IFN-γ

结果表明不同浓度的pIL18、pVP2-IL18和pHA1-IL18诱导48h，均能产生有活性的IFN-γ，而且都是在浓度为200ng/mL产生IFN-γ活性最大，分别可达到1.8×10^4U/mL、2×10^4U/mL和1.7×10^4U/mL，而浓度为50ng/mL时未能检测出IFN-γ的活性，空载体和细胞对照液均没有检测出IFN-γ的活性。这说明适宜浓度的pIL18、pVP2-IL18和pHA1-IL18诱导脾淋巴细胞一定的时间后产生具有较高活性的IFN-γ（见表3-1）。

表 3-1　不同浓度 pIL18、pVP2-IL18 和 pHA1-IL18 诱导 SPF 鸡脾淋巴细胞产生 IFN-γ 活性的结果

Table3-1　The results of IFN-γ activity induced to different concentrations of pIL18、pVP2-IL18 and pHA1-IL18 in SPF chickens splenocytes

浓度（ng/mL）Concentration（ng/mL）	IFN-γ 生物学活性（U/mL）IFN-γ bioactivity（U/mL）				
	pIL18	pVP2-IL18	pHA1-IL18	Vector control	Cell control
50	—	—	—	—	—
100	9.6×10^{1}	1.2×10^{2}	7.3×10^{1}	—	—
150	5.9×10^{3}	7.2×10^{3}	5.6×10^{3}	—	—
200	1.8×10^{4}	2×10^{4}	1.7×10^{4}	—	—
250	7×10^{3}	6.8×10^{3}	7.1×10^{3}	—	—
300	3.3×10^{3}	3.6×10^{3}	2.5×10^{3}	—	—
350	4.6×10^{2}	3.9×10^{2}	4.2×10^{2}	—	—

（三）蛋白诱导的 IFN-γ 对 VSV 的抑制作用

运用 CEF-VSV 检测系统对这一活性进行检测。将不同稀释度的 pIL18、pVP2-IL18 和 pHA1-IL18 及其诱导的 IFN-γ 分别作用于 VSV，从结果（按图 3-21 进行判断）可以看出在 IFN-γ$\geqslant1\times10^{2}$U/mL 时，具有较强的抑制效果，当 IFN-γ 为 10U/mL 时，只能达到 50% 的保护（表 3-2）；而 pIL18、pVP2-IL18 和 pHA1-IL18 没有任何抑制效果（表 3-3）。这说明 pIL18、pVP2-IL18 和 pHA1-IL18 的抗病毒活性是通过诱导产生的 IFN-γ 实现的，且在一定浓度范围内具有抑制 VSV 病毒产生细胞病变的作用。

表 3-2 pIL18、pVP2-IL18 和 pHA1-IL18 抑制 VSV 病毒活性的结果

Table 3-2 The result of pIL18、pVP2-IL18 and pHA1-IL18 on VSV activity

蛋白浓度（ng/mL）	细胞病变（CPE）		
	pIL18	pVP2-IL18	pHA1-IL18
50	10/10	10/10	10/10
100	10/10	10/10	10/10
150	10/10	10/10	10/10
200	9/10	9/10	8/10
250	10/10	10/10	10/10
300	10/10	10/10	10/10
350	10/10	10/10	10/10

注：CPE 是用同一处理组出现典型的可见细胞病变孔数/所有孔数来表示。

Note：CPE means the sum of CPE/ the sum of CEF in a similar treated group.

表 3-3 pIL18、pVP2-IL18 和 pHA1-IL18 诱导产生 IFN-γ 抑制 VSV 病毒活性的结果

Table 3-3 The result of IFN-γ induced by pIL18、pVP2-IL18 and pHA1-IL18 on VSV activity

IFN-γ（U/mL）	细胞病变（CPE）		
	pIL18	pVP2-IL18	pHA1-IL18
1×10^4	0/10	0/10	0/10
1×10^3	1/10	1/10	1/10
1×10^2	2/10	2/10	210
1×10^1	5/10	4/10	5/10
1×10^0	10/10	10/10	10/10
空白细胞	10/10	10/10	10/10

注：CPE 是用同一处理组出现典型的可见细胞病变孔数/所有孔数来表示。

Note：CPE means the sum of CPE/ the sum of CEF in a similar treated group.

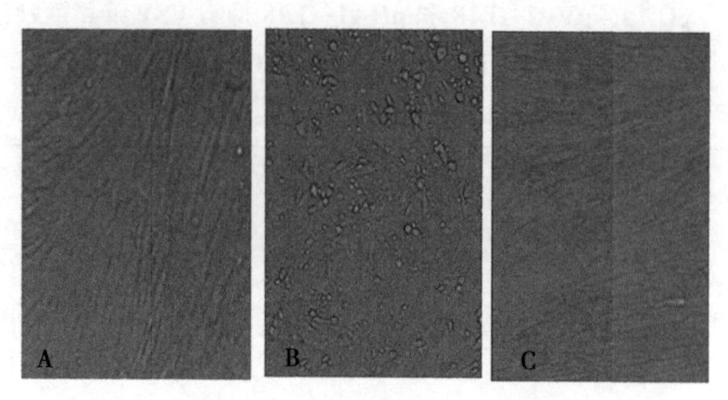

图 3-21　VSV 在 CEF 上出现的细胞病变（200×）

Fig. 3-21　CPE of VSV（200×）

注：A：VSV 感染 CEF 病变；B：无病变 CEF

Note：A：CEF of VSV；B：CEF without CPE（cytopathic effect）.

四、讨论

IL-18 可以诱导 Th1 细胞和 NK 细胞产生 IFN-γ，这是它最主要的一个生物学功能，这种活性是由于 IL-18 能够与靶细胞（NK 细胞、单核细胞、T 细胞等）上相应受体结合，促进靶细胞对 IFN-γ 的大量表达而表现出来的，因而 IL-18 也被称为 IFN-γ诱生因子。Iinuma 等将 IL-18 和 IL-12 基因融合入树突状细胞（DC），免疫小鼠能提高 IFN-γ 的表达（Iinuma et al.，2006）。Schneider 等证明，rChIL-18 具有刺激鸡脾细胞产生 ChIFN-γ 的生物学活性，至于 ChIL-18 的其他生物功能还有待于进一步研究（Schneider et al.，2000）。Gobel 等证明，鸡 IL-18 不需要 IL-2 的共刺激，就可以刺激 T 细胞增殖（Gobel et al.，2003）。Sekiyama 等证明 IL-18 通过细胞毒作用途径在清除病毒过程中发挥部分作用（Sekiyama et al.，2005）。

在进行活性检测时，不经过纯化的表达蛋白（内含 sf9 细胞自身的蛋白）会对 CEF 细胞产生一定地影响，但是杆状病毒对

脊椎动物无病原性，也不能在脊椎动物细胞内复制表达，更不能把其基因整合到脊椎动物细胞染色体内，安全性较好。因此，本实验直接使用昆虫杆状病毒表达系统表达的未纯化的重组蛋白pIL18、pVP2-IL18和pHA1-IL18进行生物学活性检测。我们采用鸡脾淋巴细胞增殖试验（MTT法）、IFN-γ诱导实验和水疱性口炎病毒（VSV）抑制试验对表达的蛋白进行生物学活性测定。

本实验利用MTT法检测重组蛋白的活性，结果表明，不同浓度的pIL18、pVP2-IL18和pHA1-IL18均可刺激淋巴细胞转化，而当浓度均为200ng/mL时刺激转化效果最佳，增殖指数可达4.13、4.35、4.09，但随着蛋白浓度的增大，淋巴细胞的增殖指数则会降低。这些结果与李宏梅报道的IL-18对淋巴细胞转化的作用基本一致。

本实验用体外微量细胞病变抑制法（即抑制水疱性口炎病毒VSV在鸡胚成纤维细胞上产生细胞病变）检测表达蛋白诱导淋巴细胞上清产生的IFN-γ的活性。用不同浓度的重组蛋白pIL18、pVP2-IL18和pHA1-IL18刺激脾淋巴细胞诱导产生IFN-γ，结果显示浓度均为200ng/mL时诱导较强活性的IFN-γ，分别达到1.8×10^4U/mL、2×10^4U/mL和1.7×10^4U/mL，诱导出的IFN-γ对VSV具有较强的抑制效果，这与李宏梅（2007）报道的基本一致。

本实验尝试用不同浓度的pIL18、pVP2-IL18和pHA1-IL18对VSV在CEF上的生长抑制作用进行检测，结果发现只有当浓度为200ng/mL时才可以抑制VSV的活性，但只能达到50%的保护，效果并不理想；在进行实验重复时发现任何浓度的pIL18、pVP2-IL18和pHA1-IL18蛋白都不能抑制VSV的活性；而同样条件下，诱导淋巴细胞产生的IFN-γ对VSV具有显著的抑制作用，这种结果提示我们IL-18可能因为鸡胚成纤维细胞上没有对应的受体而不能直接干扰病毒在CEF上的复制，必须通过IFNγ 的介导或作用于机体免疫细胞诱导 IFN-γ 等的产生才能发挥抗病毒活性。因此，日本学者通过检测诱导细胞上清中 IFN-γ 活性大小反映 IL-18 活性强弱，继而对 IL-18 的活性单位进行确定是一种合理的可行方法。

第三节　双表达蛋白 pF-IL18-VP2 和 pF-IL18-HA1 的免疫原性研究

传统 IBD 减毒活疫苗免疫鸡用 vvIBDV 攻击后不能提供高保护率，法氏囊也遭到损害。因此迫切需要研制新型疫苗。目前养禽业通过多种表达系统制备的基因工程疫苗能够产生保护性免疫反应。有报道显示用多种表达系统成功表达 IBDV VP2 蛋白，其免疫力持续时间比传统 IBD 减毒活疫苗长，王笑梅等将 VP2 基因克隆到 pPICZA 载体上转染酵母，表达蛋白免疫鸡群后再用强毒攻击可以提供较高保护率，但剖检发现未死亡鸡法氏囊组织仍受到损害，可以通过合适的佐剂提高免疫效果。所以为了有效防控动物疾病从而产生巨大经济效益，具有增强机体非特异性免疫能力的 IL-18 等细胞因子在畜牧业生产中具有广阔的应用前景。将 IL-18 与 IBV M 基因构建共表达质粒免疫鸡，能明显提高抗体水平、外周血 T 细胞数量及攻毒保护率。因为杆状病毒对脊椎动物无病原性，也不能在脊椎动物细胞内复制表达，更不能把其基因整合到脊椎动物细胞染色体内，安全性较好。本试验尝试直接对未纯化的重组蛋白进行免疫原性研究。本试验通过 pIL18、pVP2、pVP2-IL18 针对机体的体液免疫和细胞免疫情况研究其提高机体免疫增强的能力，为 pVP_2-IL18 制备成针对 IBDV 的新型疫苗奠定基础。

高致病性禽流感 HPAI 是由甲型流感病毒 H5N1 引起的一种

传染病，发病率和致死率较高，基因工程亚单位疫苗可以提供基因免疫。现常将新型佐剂细胞因子与抗原基因联合，构建细胞因子与抗原共同表达的新型疫苗，通过细胞因子具有能刺激机体产生体液免疫和细胞免疫的功能，从而诱导机体产生有效的免疫保护力[ ]。孔娜将采用Bac-to-Bac系统双表达mChIL18基因和IBDV VP2基因的表达蛋白免疫鸡群后能促进$CD4^+$ T细胞和$CD8^+$ T细胞增殖，且再用强毒攻击可以提供较高保护率。云水丽等将共表达细胞因子IL-2和H5亚型AIV HA基因与单表达H5亚型AIV HA基因的重组鸡痘病毒分别免疫鸡，虽都能刺激机体产生高水平抗体和高攻毒保护率，但共表达明显优于单表达。前人为获得共表达多采取将两个外源基因串连在一起，中间引入一个Linker，重组表达蛋白必须在后续加工过程中进行剪切才能具有活性，否则两个蛋白因为连接在一起造成空间结构的相互干扰，导致重组蛋白即使通过变性和复性的过程也得不到有活性的蛋白。而昆虫细胞表达系统是将两个或多个携带一个外源基因的重组杆状病毒同时感染昆虫细胞，利用P10和PH双启动子能够同时获取两个或多个独立的外源重组蛋白[16]。而且杆状病毒的天然宿主是昆虫，不能在哺乳动物细胞内复制病毒DNA以及增殖病毒，不会感染人。因此本试验选用Bac-to-Bac系统表达重组双表达蛋白pHA1-IL18，并直接对未纯化的pHA1-IL18进行免疫原性研究，为pHA1-IL18制备成针对AIV的新型疫苗奠定基础。

一、材料

（一）动物及菌株

SPF鸡，1日龄，购自山东济南赛斯有限公司；IBDV强毒（vvIBDV-Gx），由山东农业大学朱瑞良老师实验室分离、鉴定并保存，毒价为$10^{5.5}$ LD_{50}/0.2 mL，攻毒剂量为100 LD_{50}/只。

（二）所用试剂及耗材

弗氏完全佐剂（FCA）和弗氏不完全佐剂（FIA）购自Sigma公司；FITC标记的鼠抗鸡CD4和R-PE标记的鼠抗鸡CD8a购自北京博蕾德生物科技有限公司；传染性法氏囊病病毒抗体检测试剂盒购自IDEXX公司；传染性法氏囊病减毒疫苗B87、禽流感疫苗、新城疫疫苗购自泰安市岱岳区畜牧兽医局；其他各种不同规格注射器、血细胞计数板、各种不同规格的离心管等耗材均常规购买。

（三）主要仪器及设备

超净工作台（细胞培养用）：购自苏净集团安泰公司；CO2培养箱：SANYO MCO175型日本Electric Biomedical有限公司。超声波裂解仪：JY92-ⅡDN型，宁波新芝生物科技有限公司；CO2培养箱：SANYO MCO175型日本Electric Biomedical有限公司；流式细胞仪：Guava Easy Cyte Mini型，Guava Technologies公司；全自动血细胞分析仪：PE-6800VET型，深圳普康电子有限公司；酶标仪：A-5082型，瑞士TECAN公司；4℃低速离心机：上海安亭科学仪器公司；4℃高速离心机：上海安亭科学仪器公司；多道移液器及各种规格的移液器为德国Eppendorf公司产品。

二、方法

（一）细胞裂解液的制备

收获表达rBac-IL18、rBac-VP2、rBac-IL18-VP2、rBac-HA1、rBac-IL18-HA1的sf9细胞，将其置于冰上超声。超声裂

解条件为：超声1s，间隔2s，时间10min，于4℃ 3000rpm离心10min，收获细胞裂解上清，将沉淀重悬于PBS（pH7.4）中，转移至一干净离心管中。

（二）油乳剂疫苗的制备

向含pIL18、pVP2、pVP2-IL18、pHA1、pHA1-IL18的细胞裂解上清液中分别加入青、链霉素，测定各种蛋白浓度后，与等体积的FCA（一免时注射）或FIA（二免时注射）混合，即制成含pIL18、pVP2 、pVP2-IL18、pHA1、pHA1-IL18的油乳制剂。

（三）动物免疫

试验设计：分两批鸡进行，pIL18、pVP2 、pVP2-IL18为一个大试验组；pIL18、pHA1、pHA1-IL18为另一个大试验组。

1. pIL18、pVP2、pVP2-IL18免疫动物

2周龄SPF鸡（山东济南赛斯有限公司）140只随机分成7组，每组20只。I组为传统疫苗组，注射200μg B78减毒疫苗；II组为联合疫苗组，注射200μg pIL18与B78减毒疫苗；III组为注射200μg pIL18与pVP2；IV四组注射200μg pVP2-IL18；V组一免免注射200μg B78减毒疫苗，二免注射200μg pVP2-IL18；VI组注射200μg pVP2；VII组为对照组，随机挑选10只鸡注射200μg /只PBS，剩余10只鸡做空白对照。14日龄时进行一免，颈部皮下多点注射；一免2周后进行二免，加强免疫。分别于第13、21、28、35、42和49天每组随机抽取6只，翅静脉采取抗凝血和非抗凝血。非抗凝血用于分离血清，利用ELISA法来检测血清中抗体水平；抗凝血用于分离外周血淋巴细胞，用流氏细胞术来检测$CD4^+$和$CD8^+$T淋巴细胞的变化情况。

2. pIL18、pHA1、pHA1-IL18 免疫动物

1 周龄 SPF 鸡（山东济南赛斯有限公司）120 只随机分成 6 组，每组 20 只。I 组为传统疫苗组，注射 200μg 市售疫苗；II 组为联合疫苗组，注射 200μg pIL18 与市售疫苗；III 组为注射 200μg pHA1；IV 组注射 200μg pHA1-IL18；V 组注射 200 ug pHA1 和 pIL18；VI 组注射为对照组，随机挑选 10 只鸡注射 200μg /只 PBS，剩余 10 只鸡做空白对照。7 日龄时进行一免，颈部皮下多点注射；一免 2 周后进行二免，加强免疫，用量和用法与一免一样。分别于第 7、14、21、28、35 和 42 天每组随机抽取 6 只，翅静脉采取抗凝血和非抗凝血。非抗凝血用于分离血清，利用血凝抑制试验来检测血清中抗体水平；抗凝血用于分离外周血淋巴细胞，用流氏细胞术来检测 $CD4^+$ 和 $CD8^+$T 淋巴细胞的变化情况。

（四）细胞免疫检测（流氏细胞术）

每组随机抽取 6 只，翅静脉采血 1mL，肝素抗凝，轻轻摇匀。室温 4h 内进行流式细胞术检测，具体操作步骤如下：

（1）取 1mL 肝素抗凝血，与 PBS（PH7.4）1∶1 混匀。

（2）将混合液缓慢加入 1mL 淋巴细胞分离液上；装有淋巴细胞分离液的 15mL 玻璃离心管呈 45°倾斜；加样时不能破坏血液与淋巴细胞分离液的界面。

（3）于 4℃ 1 500rpm 离心 15min；小心吸取位于中间部位的环状乳白色淋巴细胞层，加入 1mL PBS（PH7.4）中；此时离心管中由上至下细胞分四层。第一层为血浆或组织匀浆液层；第二层为环状乳白色淋巴细胞或单核细胞层；第三层为透明分离液层；第四层为红细胞层。

（4）于 4℃ 800rpm 离心 10min；弃上清，用 1mL PBS（PH7.4）将细胞沉淀重悬；重复洗涤 2 次。

(5) 用1mL PBS (PH7.4) 将细胞沉淀重悬，取50μL加入新的1.5mL离心管；即制成50μL约为$1\times10^7\sim5\times10^7$个/mL的淋巴细胞悬液。

(6) 每个样品中同时加入10μL FITC标记的鼠抗鸡CD4抗体和10μL R-PE标记的鼠抗鸡CD8a抗体，同时做CD4+单抗对照、CD8+单抗对照和空白对照；加入荧光抗体时一定要与样品混匀；荧光染料按1∶200稀释。

(7) 混匀后置4℃中避光作用20min；反应完毕后，加入1mL PBS (PH7.4)，于4℃ 1 000rpm离心10min；弃800μL上清，用剩余上清重悬细胞沉淀；即可在FACS (Fluorescence Activated Cell Sorter) 仪器上进行检测。

(五) 抗体检测试剂盒

将免疫前后采取的非抗凝血分离血清检测法氏囊病毒抗体(ELISA法测定)。法氏囊病毒抗体采用美国IDEXX公司生产的传染性法氏囊病病毒抗体检测试剂盒进行测定，并按照使用说明书的要求换算为抗体滴度值。试剂盒中的所有试剂包括包被板应在使用前恢复至室温 (20~25℃)，回温时间2h以上，所有的冻融样品在使用之前应该彻底混匀，同时注意不要过于激烈。具体操作步骤如下：

(1) 取出包被板，在表上记录样品位置；加100μL不需稀释的阴性对照血清至A1和A2孔；加100μL不需稀释的阳性对照血清至A3和A4孔；加100μL稀释好的样品至相应的孔；加样时先加入对照再加入样品。为了尽可能缩短加入对照和样品的时间间距，必须使用样品稀释板进行样品的稀释，混匀后再用多道移液器统一加到反应板上；对于多块板的操作，要注意保证每块反应板单独计时。

(2) 在室温孵育30min；室温孵育时，控制室温在20~

25℃，避免在冷气、光照、热源或通风口等温度不均匀的位置进行检测，不要把反应板直接放在冰冷实验桌或台面上，可以垫上东西作为缓冲；如果条件具备，在恒温箱中（20~25℃）进行试剂盒的回温及孵育反应最好，得到的结果更为稳定。

（3）将孔内的液体倒入合适废液桶内；用大约350μL蒸馏水或去离子水洗涤微孔3~5次；每孔加入100μL酶标羊抗鸡抗体（HRPO）；在室温孵育30min；重复洗涤1次。

（4）每孔加100μL TMB底物液体；在室温下孵育15min；每孔加100μL终止液终止反应在空气中读空白数。

（5）在650nm（A650）测量和记录吸光值。

（六）血凝血抑试验

7日龄初免后，第14、21、28、35、42日龄每组随机抽取6只，翅静脉采血1mL，不抗凝，至于1.5mL EP管中。待析出血清后以4 000rpm离心5min。取血清，至于另一个离心管中，-20℃保存待用。测定抗体效价方法如下：

1. 红细胞凝集试验（HA试验）

该试验主要是测定病毒的红细胞凝集价，以确定红细胞凝集抑制试验所用病毒稀释倍数（抗原单位）。

（1）向V形微量反应板上每个孔加入25μL稀释液即灭菌生理盐水；取病毒抗原液25μL加入第1孔内，吸头浸于液体中缓慢吸吹几次使病毒与稀释液混合均匀；再从第1孔吸取25μL液体小心地移至第2孔，如此连续稀释至第11孔，第11孔吸取25μL液体弃掉，第12孔为红细胞对照；即病毒稀释倍数依为1∶2~1∶2 048。

（2）每孔中加入25μL 1.0%红细胞悬浮液；在振荡器上振荡混匀约1~2min，再置37℃作用15min后；将反应板倾斜成45度角，观察凝集情况；如果沉于管底的红细胞沿着倾斜面向下呈

线状流动者沉淀，表明红细胞未被或不完全被病毒凝集；如果孔底的红细胞铺平孔底，凝成均匀薄层，倾斜后红细胞不流动，说明红细胞被病毒所凝集；能使100%红细胞凝集的病毒液的最高稀释倍数，称为该病毒液的红细胞凝集效价。

（3）根据所测得红细胞凝集效价将原病毒液作成4单位病毒稀释液。

2. 红细胞凝集抑制试验（HI试验）

（1）从第1孔到第10孔，每孔各加入25μL稀释液；第11孔加入50μL稀释液；取被检血清25μL加入第1孔，吸头浸于液体中缓慢吸吹几次使被检血清与稀释液混合均匀；再从第1孔吸取25μL液体小心地移至第2孔，如此连续稀释至第10孔，最后第10孔吸取25μL液体弃掉，第11孔为红细胞对照，第12孔为抗原对照；即被检血清稀释倍数依为1：2~1：1 024。

（2）每孔中加入25μL含有四个单位的病毒液，第11孔为红细胞对照孔，不加病毒液；置振荡器上振荡1~2min后，放37℃静置20min；每孔中加入25μL 1.0%红细胞悬浮液；放振荡器上振荡1~2min混匀，于37℃静置15min后。

（3）将反应板倾斜成45度角，观察凝集情况；如果沉于管底的细细胞沿着倾斜面向下呈线状流动者为沉淀，表明红细胞未被或不完全被病毒凝集；如果孔底的红细胞铺平孔底，凝成均匀薄层，倾斜后红细胞不流动，说明红细胞被病毒所凝集；将4单位病毒物质凝集红细胞的作用完全抑制的血清最高稀释倍数，称为该血清的红细胞凝集抑制效价。

（4）用被检血清的稀释倍数或以2为底的对数（Log_2）表示。

（七）攻毒试验

加强免疫后21d经点眼途径用vvIBDV攻击，每只攻毒剂量为100 LD50/0.2mL，攻毒后第5d扑杀并剖检试验鸡，统计临床保护率和病理保护率。

三、结果

（一）pIL18、pVP2与pVP2-IL18促进细胞免疫水平检测

细胞免疫水平通过流式细胞术检测 $CD4^+$ T细胞增殖反应，从统计学意义上分析处理数据（图3-22）。结果表明，与免疫前和阴性对照组相比，各试验组都促进 $CD4^+$ T细胞增殖。一免后各试验组 $CD4^+$ T细胞都呈上升趋势，但一免后7d后又呈下降趋势；二免后Ⅲ、Ⅳ、Ⅴ呈上升趋势且持续时间比较长，其中Ⅳ组 $CD4^+$ T增殖水平最高，在一免后21d、28d、35d都与其他组差异显著（$P<0.05$）。

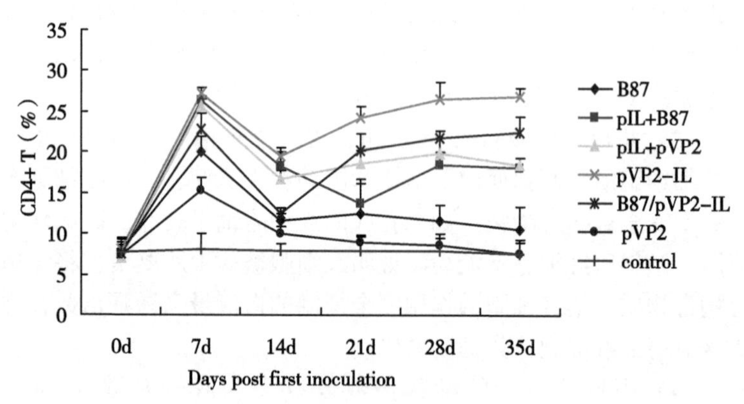

图3-22　pIL18、pVP2与pVP2-IL18促进 $CD4^+$ 增殖反应

Fig. 3-22　Different proteins（VP2）enhanced the proliferative response of $CD4^+$ T lympholeukocyte

细胞免疫水平通过流式细胞术检测 $CD8^+$ T 细胞增殖反应，从统计学意义上分析处理数据（图3-23）。结果表明，与免疫前和阴性对照组相比，各试验组都促进 $CD8^+$ T 细胞增殖。一免后各试验组 $CD8^+$ T 细胞都呈上升趋势，但一免后7d后又呈下降趋势；二免后各实验组仍呈不同下降趋势，其中IV组 $CD8^+$ T 增殖水平最高，在一免后14d、21d、28d都与其他组差异显著（$P<0.05$）。

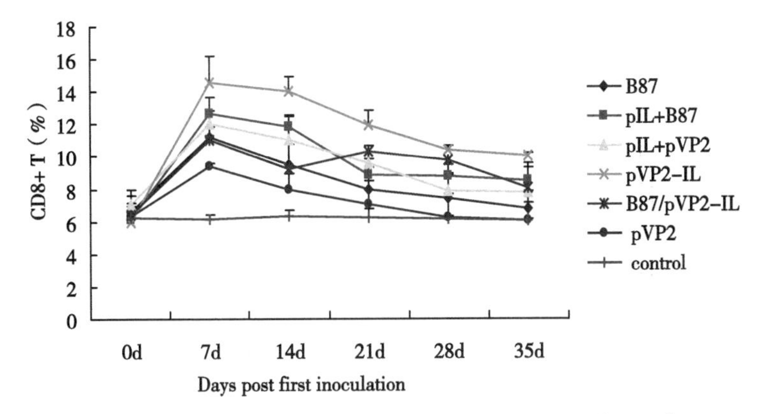

图3-23　pIL18、pVP2与pVP2-IL18促进 $CD8^+$ 增殖反应

Fig. 3-23　Different proteins（VP2）enhanced the proliferative response of $CD8^+$ T lympholeukocyte

（二）pIL18、pHA1与pHA1-IL18促进细胞免疫水平检测

细胞免疫水平通过流式细胞术检测 $CD4^+$ T 细胞增殖反应，从统计学意义上分析处理数据（图3-24）。结果表明，与免疫前和阴性对照组相比，各试验组都能够明显促进 $CD4^+$ T 细胞的增殖反应。一免后各试验组 $CD4^+$ T 细胞都呈上升趋势，但一免后

7d 后又呈下降趋势；二免后Ⅳ组呈上升趋势且持续时间比较长，在各阶段与其他组差异显著（$P<0.05$）。Ⅱ组和Ⅴ组与对照组相比差异显著（$P<0.05$）；但Ⅱ组和Ⅴ组相比差异不显著（$P>0.05$）。Ⅲ组和Ⅴ组与对照组相比差异显著（$P<0.05$）。

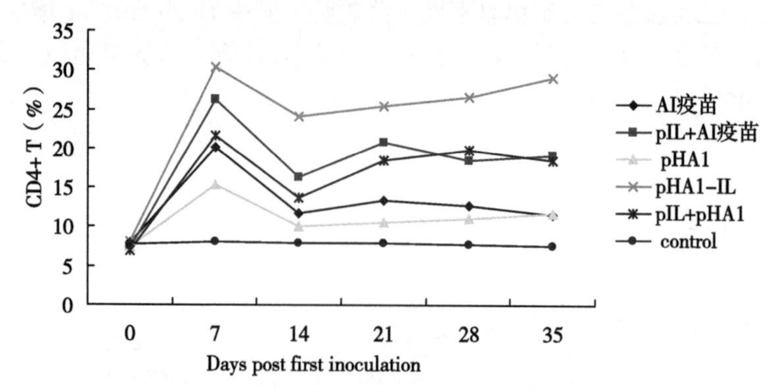

图 3-24 pIL18、pHA1 与 pHA1-IL18 促进 CD4⁺增殖反应

Fig. 3-24 Different proteins（HA1）enhanced the proliferative response of $CD4^+$ T lympholeukocyte

细胞免疫水平通过流式细胞术检测 $CD8^+$ T 细胞增殖反应，从统计学意义上分析处理数据（图 3-25）。结果表明，与免疫前和阴性对照组相比，各试验组都能够明显促进 $CD8^+$ T 细胞的增殖反应。一免后各试验组 $CD8^+$T 细胞都呈上升趋势，但一免后 7d 后又呈下降趋势；二免后所有试验组又都呈上升趋势，但只有Ⅱ组和Ⅳ组上升趋势持续时间比较长。Ⅳ组在各阶段与其他组差异显著（$P<0.05$）。Ⅱ组和Ⅴ组与对照组相比差异显著（$P<0.05$）；但Ⅱ组和Ⅴ组相比差异不显著（$P>0.05$）。Ⅲ组只有在一免后 7d 时与对照组相比差异显著（$P<0.05$）。

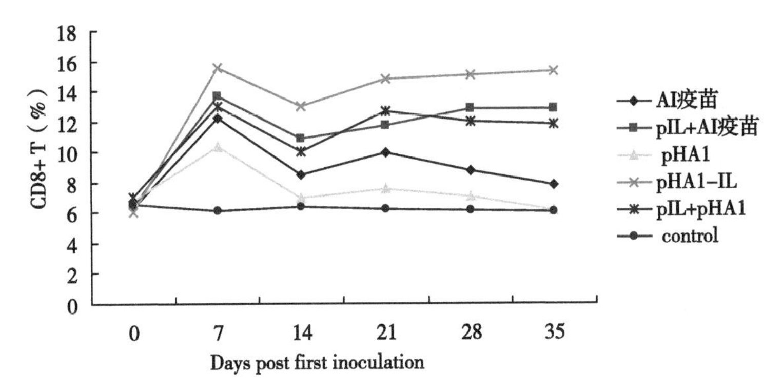

图 3-25　pIL18、pVP2 与 pVP2-IL18 促进 $CD8^+$ 增殖反应

Fig. 3-25　Different proteins（VP2）enhanced the proliferative response of $CD8^+$ T lympholeukocyte

（三）pIL18、pVP2 与 pVP2-IL18 促进抗体水平检测

体液免疫水平通过使用传染性法氏囊病病毒抗体检测试剂盒检测各试验期血清中的抗体滴度，从统计学意义上分析处理数据。结果（表 3-4）表明，与免疫前相比，各试验组都有较好的免疫效果，抗体水平都持续增高且维持时间也较长，都在在一免后 28d 抗体水平达到最高；与阴性对照组相比，Ⅳ组效果最好，抗体效价最高，Ⅴ组次之，然后是Ⅱ组、Ⅰ组、Ⅲ组、Ⅵ组。

表 3-4　不同疫苗免疫鸡外周血中抗 IBDV 抗体滴度检测

Table 3-4　Peripheral blood anti-IBDV antibody titers in chickens immunized with different vaccines

Groups	Day0 before inoculation	Day 7 post inoculation	Day 14 post inoculation	Day 21 post inoculation	Day 28 post inoculation	Day 35 post inoculation
B78	362.7 ±23.6	1 834.6 ±26.8	1 944.4 ±14.2	2 276.9 ±8.9	2 585.3 ±7.2	2 151.7 ±7.0

（续表）

Groups	Day0 before inoculation	Day 7 post inoculation	Day 14 post inoculation	Day 21 post inoculation	Day 28 post inoculation	Day 35 post inoculation
pIL+B78	303.2 ±34.7	1 834.6 ±41.3	2 013.3 ±23.3	2 712.4 ±24.5	3 282.8 ±34.1	2 925.2 ±34.5
pIL+pVP2	410.9 ±26.8	1 698.0 ±31.1	1 848.3 ±30.6	1 972.0 ±17.6	2 304.8 ±37.4	1 999.5 ±29.9
pVP2-IL	362.7 ±17.6	2 068.6 ±27.3	2 500.9 ±29.4	4 066.0 ±31.1	4 639.6 ±29.7	3 890.8 ±36.6
B78/pVP2-IL	410.9 ±28.0	1 807.2 ±16.4	1 972.0 ±24.1	3 168.0 ±31.5	4 080.6 ±27.6	3 297.2 ±36.6
pVP2	350.8 ±30.0	1 188.0 ±17.2	696.0 ±38.0	978.2 ±20.0	683.3 ±35.7	484.0 ±32.1
Control	315.1 ±19.3	423.0 ±19.4	327.0 ±34.4	386.7 ±29.9	268.0 ±34.6	210.1 ±29.4

（四）pIL18、pHA1 与 pHA1-IL18 促进抗体水平检测

体液免疫水平通过使用血凝血抑试验检测各试验期血清中的 ND 抗体、H9 亚型 AI 抗体、H5 亚型 AI 抗体滴度，从统计学意义上分析处理数据。结果表明，各实验组均具有促进 ND 抗体（图 3-26）生成的效果，Ⅱ组生成的抗体滴度最高，Ⅰ组次之，且Ⅱ组与Ⅰ组相比在一免后 21d、28d、35d 差异显著（$P<0.05$）；各实验组均具有促进 H9 亚型 AI 抗体（图 3-27）生成的效果，Ⅱ组生成的抗体滴度最高，Ⅳ组次之，且Ⅱ组与Ⅳ组相比在一免后 14d、21d、28d、35d 差异显著（$P<0.05$），而且Ⅳ组滴度明显高于Ⅰ组；各实验组均具有促进 H5 亚型 AI 抗体（图 3-28）生成的效果，Ⅳ组生成的抗体滴度最高，与所有试验组比较都差异显著（$P<0.05$），Ⅱ组次之，且Ⅱ组与Ⅰ组相比在一免后 21d、28d、35d 差异显著（$P<0.05$）。

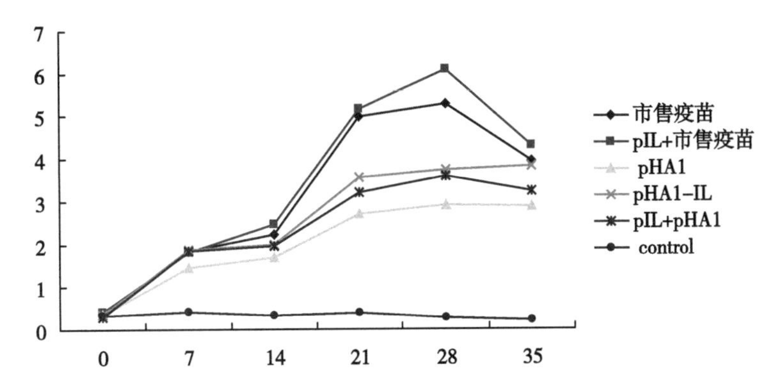

图 3-26 pIL18、pHA1 与 pHA1-IL18 接种后抗体的动态变化

Fig. 3-26 The kinetic changes of ND antibody in chickens post inoculation

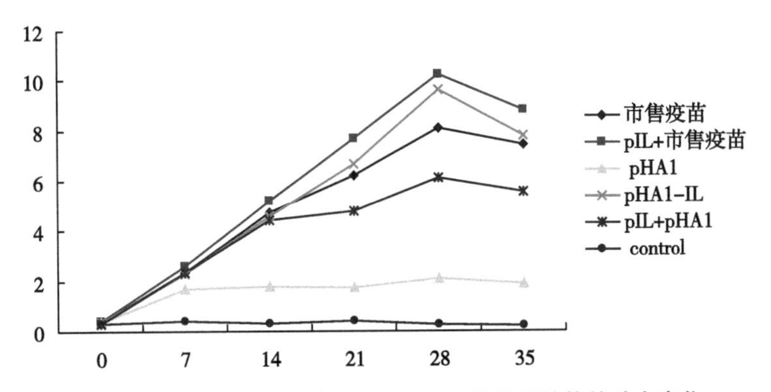

图 3-27 pIL18、pHA1 与 pHA1-IL18 接种后抗体的动态变化

Fig. 3-27 The kinetic changes of H9 AI antibody in chickens post inoculation

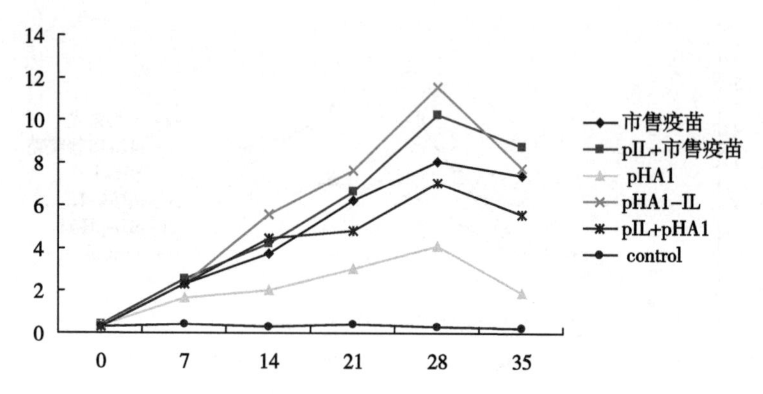

图 3-28 pIL18、pHA1 与 pHA1-IL18 接种后抗体的动态变化

Fig. 3-28 The kinetic changes of H5 AI antibody in chickens post inoculation

（五）pIL18、pHA1 与 pHA1-IL18 攻毒保护试验

攻毒试验结果表明（见表 3-5），Ⅳ 组保护率可达 90%，且

表 3-5 vvIBDV 攻击后各组的死亡数、感染数和保护率

Table 3-5 The mortality and protection rate of different groups challenged by vvIBDV

Groups	No. death/total	No. Infection/total	Rate of protection（%）
B78	2/20	3/20	75
pIL+B78	1/20	4/20	75
pIL+ pVP2	2/20	4/20	70
pVP2-IL	0/20	2/20	90
B78/pVP2-IL	1/20	3/20	80
pVP2	4/20	6/20	50
Control	14/20	20/20	0

无一只死亡；V组次之可达80%；然后是I组和II组75%，虽然2个组保护率是一样的，但死亡率存在不同；III组为70%；VI组50%；VII组无一幸免。各免疫脏器剖检变化见附录。

四、讨论

利用白介素-18等细胞因子增强或调节机体的非特异性免疫（Degen et al.，2005），不仅会有效防控畜禽疾病，而且将在畜牧业生产中产生巨大的经济效益，是被人们普遍看好并具有广阔应用前景的新型佐剂（王宪文等，2008）。Thomas等于2003年的研究进一步表明鸡IL-18 cDNA具有多种生物学活性，能诱导$CD4^{+}$T细胞分泌IFN-γ，是Th细胞强活化剂，能诱导T细胞增殖，对MHC Classll Ag的合成具有正调节作用。IL-18通过细胞毒作用途径在清除病毒过程中发挥部分作用（Sekiyama et al.，2005）。IL-18可上调NK及$CD8^{+}$T细胞的细胞毒作用，NK与$CD8^{+}$T细胞一样以多种形式、利用不同的分子发挥它们杀细胞的作用。Greene等通过酶联免疫吸附分析表明重组的IL-18可刺激T细胞和外周血单核细胞产生大量的IFN-γ（Greene et al.，2000），其效能超过IL-12。原核表达重组鸡白细胞介素-2与鸡新城疫-禽流感-法氏囊-传支四联油乳剂灭活苗同时使用明显提高抗体效价，且无毒副作用（费聿锋等，2004；Henke et al.，2006）。将IL-12、IL-18基因与猪瘟病毒糖蛋白gp55/E2构建共表达质粒，肌内注射三次，IL-18组能提高攻毒保护率（Wienhold et al.，2005）。

Vakharia等以杆状病毒表达系统在昆虫细胞中表达了IBDV变异株GLS的大片段，免疫SPF后能产生抗病毒中和性抗体，79%免疫鸡可获得保护（Vakharia et al.，1994）。Dybing等也证明以重组VP2和VP2/VP4/VP3病毒免疫鸡，能抵抗IBDV标准株STC的攻击，虽然法氏囊仍遭到损害，但攻毒鸡不出现临床症状和死亡（Dybing et al.，1996）。于涟等通过动物实验初步证实含有重组病毒的蚕血注射或口服可保护IBDV强毒株对非免疫雏鸡的攻击（于涟等，2000）。此外，王笑梅等将VP2基因表达产物免疫SPF鸡可以保护鸡群免受强毒攻击，具有一定的免疫原性，但还不能保护法氏囊组织免受损害，效果不如常规灭活苗。而且杆状病毒的天然宿主是昆虫，不能在哺乳动物细胞内复制病毒DNA以及增殖病毒，不会感染人（高炳淼等，2011）。因此本试验选用Bac-to-Bac系统表达重组双表达蛋白pHA1-IL18，并直接对未纯化的pHA1-IL18进行免疫原性研究。

本实验将含有pIL18、pVP2、pVP2-IL18的油乳剂疫苗分组免疫动物，14d时一免，28d时二免。从体液免疫和细胞免疫水平上分析试验结果。细胞免疫水平通过流式细胞术检测$CD4^+$和$CD8^+$ T细胞增殖反应，结果表明各试验组都促进$CD4^+$和$CD8^+$ T细胞增殖。一免后各试验组$CD4^+$ T细胞都呈上升趋势，但一免后7d后又呈下降趋势；二免后Ⅰ、Ⅴ、Ⅲ呈上升趋势且持续时间比较长，其中Ⅳ组$CD4^+$ T增殖水平最高，在一免后21d、28d、35d都与其他组差异显著（$P<0.05$）。一免后各试验组$CD8^+$ T细胞都呈上升趋势，但一免后7d后又呈下降趋势；二免后各实验组仍呈不同下降趋势，其中Ⅰ组$CD8^+$ T增殖水平最高，在一免后14d、21d、28d都与其他组差异显著（$P<0.05$）。体液免疫水平通过使用传染性法氏囊病病毒抗体检测试剂盒检测各试验期血清中的抗体滴度。结果表明各试验组都有较好的免疫效果，抗体水平都持续增高且维持时间也较长，都在在一免后28d抗体水平达到最高；与阴性对照组相比，Ⅳ组效果最好，抗体效价最高，Ⅴ组次之，然后是Ⅱ组、Ⅰ组、Ⅲ组、Ⅵ组。攻毒试验结果表明，Ⅳ组保护率可达90%，Ⅴ组次之可达80%，然后是Ⅰ组和Ⅱ组75%、Ⅲ组为70%、Ⅵ组50%，Ⅶ组无一幸免。表明pVP2-IL18的效果明显优于pIL18和pVP2的混合使用。

Johansson 等研究表明，HA 是体液免疫的关键靶抗原，NP 是细胞免疫的免疫原，以 HA 糖蛋白研制的亚单位疫苗能对同一亚型的病毒攻击产生良好的免疫保护性，而以 NP 研制的亚单位疫苗则可产生型特异性的免疫反应，但对病毒攻击却不能产生良好的保护作用。说明 HA 诱导的体液免疫反应起到了决定性的保护作用（Johansson et al.，1998）。将 AIV 的 HA 基因与鸡 IL-18 基因插入痘病毒构建重组痘病毒，免疫 SPF 鸡和商品来航鸡，有 100%的保护率（Ma et al.，2006）。

王文等将含有优化 HA 基因（ H Aop）和优化 NP 基因（ N Aop）的 DNA 疫苗免疫动物可以快速激发较强的免疫应答，尤其是细胞免疫应答；皮内电转所激发的体液免疫应答强于肌肉电转（王文等，2010）。Rao 等人用不同地区的 H5N1 的密码子优化 HA 基因制备成多价 DNA 疫苗，采用无针的 Agro-Jet 免疫方式，免疫 2 次即可产生较强的广谱交叉中和抗体，可在鸡或小鼠模型中抵御同型或异型 H5N1 病毒的攻击（Rao et al.，2008）。Patel 等人分别采用含 H5N1 抗原基因（ HA、NA、M2 与 NP）的 DNA 疫苗肌肉注射免疫小鼠进行实验，表明含 HA 的 DNA 疫苗 100 g/ 只二针免疫即可 100% 保护致死剂量的异源性 H5N1 病毒攻击（Patel et al.，2009）。

本实验将含有 pIL18、pHA1、pHA1-IL18 的油乳剂疫苗分组免疫动物，7d 时一免，21d 时二免。从体液免疫和细胞免疫水平上分析试验结果。细胞免疫水平检测结果表明，各试验组都能够明显促进 $CD4^+$ 和 $CD8^+$ T 细胞的增殖反应。一免后各试验组 $CD4^+$和 $CD8^+$T 细胞都呈上升趋势，但一免后 7d 后又呈下降趋势；二免后虽呈上升趋势且持续时间比较长，但增殖幅度不大，以 IV 组 $CD4^+$ T 增殖水平最高。体液免疫水平通过使用血凝血抑试验检测各试验期血清中的抗体滴度，从统计学意义上分析处理数据。结果表明，与免疫前相比，各试验组抗体水平都持续增高且维持时间也较长，都是在一免后 28d 抗体水平达到最高；与阴性对照组相比，Ⅳ 组效果最好，抗体效价最高与其他组差异显著（$P<0.05$）。表明 pHA1-IL18 的效果明显优于 pIL18 和 pHA1 的混合使用。

本试验通过对 pIL18、pVP2、pVP2-IL18、pHA1、pHA1-IL18 在提高机体免疫增强力方面的研究，针对机体的体液免疫和细胞免疫来分析机体在免疫后的情况。检测各试验期血清中的抗体滴度及淋巴细胞的增殖情况，明确地了解 pIL18、pVP2、pVP2-IL18、pHA1、pHA1-IL18 在动物体内引起免疫增强作用的高低变化规律，从而使 mChIL-18 这一免疫增强剂更好地在生产实践中得到广泛的应用，还有 IBD、AI 基因工程疫苗的研制奠定基础。

研究结果

成功建立复性率最高的人工分子伴侣系统辅助复性系统。该复性系统 CTAB/rChIL-18=10，CTAB 浓度为 2.4mmol/L，β-环糊精/CTAB=3，GSH 浓度为 4mmol/L，GSSG/GSH=1，盐酸胍浓度为 0.9mol/L 时回收率最高。且该复性系统能出现了很高的刺激指数。

原核表达蛋白和真核表达质粒在体液免疫和细胞免疫两方面均能够起到明显的免疫增强作用。原核表达蛋白与疫苗联合免疫组和真核表达质粒与疫苗联合免疫组均产生很高保护率，且比单纯疫苗组保护率高。

成功构建了含有 mChIL-18、VP2、HA1 蛋白基因的重组杆状病毒转移载体 pF-IL18、pF-VP2、pF-HA1，并在昆虫细胞 sf9 中获得了表达。

成功构建了含有 mChIL-18 和 VP2、mChIL-18 和 HA1 蛋白基因的重组杆状病毒转移载体 pF-IL18-VP2、pF-IL18-HA1，并分别都在昆虫细胞 sf9 中获得了共表达。

表达蛋白 pIL18、pVP2-IL18 和 pHA1-IL18 能够促进鸡脾淋巴细胞增殖、诱导鸡脾细胞产生 IFN-γ，而其所诱生的 IFN-γ 能够抑制 VSV 在 CEF 上引起的细胞病变，说明表达产物具有一定的生物学活性。

pIL18、pVP2、pVP2-IL18 、pHA1、pHA1-IL18 能够从体液免疫和细胞免疫水平上较好的增强机体的免疫力，提高机体抗体的生成，增强淋巴细胞的增殖能力，从而更好的发挥 IL-

18 的免疫增强作用，而且 pVP2-IL18 的效果明显优于 pIL18 和 pVP2 的混合使用；pHA1-IL18 的效果也明显优于 pIL18 和 pHA1 的混合使用。表明其具有免疫原性，为新型疫苗的研制奠定基础。

相关文章

[1] 王新华，胡敬东，孔娜，等．人工分子伴侣辅助鸡白细胞介素 18 重组蛋白的复性 [J]. 细胞与分子免疫杂志，2008，24（4）：344-347.

[2] 孔娜，田夫林，兰邹然，等．H5 亚型 AIV 的 HA1 基因与鸡 IL-18 成熟蛋白基因的杆状病毒共表达载体的构建 [J]. 西南农业学报，2008，21（5）：1 438-1 442.

[3] 王新华，胡敬东，孔娜，等．人工分子伴侣系统辅助鸡 IL-18 重组蛋白复性过程中影响因素的研究 [J]. 中国兽医学报，2009，29（7）：905-908.

[4] 孔娜，田夫林，兰邹然，等．H5 亚型 AIV HA1 基因与鸡 IL-18 基因共表达载体的构建及其表达 [J]. 中国兽医学报，2009，29（8）：986-990.

[5] Na Kong，Xinhua Wang，Jianwen Zhao，Jingdong Hu，Hong Zhang，Hongkun Zhao. A recombinant baculovirus expressing VP2 protein of infectious bursal disease virus (IBDV) and chicken interleukin-18 (ChIL-18) protein protects against very virulent IBDV [J]. Journal of Animal and Veterinary Advances，2011，10 (20)：2 706-2 715.

[6] Na kong. Comparison of three methods for refolding recombinant chicken Interleukin-18 expressed in E. coli [J]. Journal of Animal and Veterinary Advances，2015，14

(1)：1-5.

[7] 孔娜．传染性法氏囊病病毒VP2基因与鸡IL-18成熟蛋白基因在杆状病毒表达系统中的双表达［J］．中国兽医科学，2015，45（6）：628-632.

[8] 孔娜．Bac-to-Bac系统双表达蛋白IBDV VP2-IL-18免疫原性的研究［J］．中国兽医科学，2015，45（7）：716-720.

[9] Na kong. Expression of Recombinant Baculovirus Vetor Double-expressing HA1 Gene from Subtype H5 of Avian Influenza Virus and Mature Chicken Interleukin-18 Gene［J］. Journal of Animal and Veterinary Advances，2015，14（5）：136-139.

[10] 孔娜．鸡IL-18真核表达质粒及原核表达蛋白对IBD死苗的免疫增强作用［J］．西南农业学报，2016，29（2）：459-461.

[11] 孔娜．Bac-to-Bac系统双表达mChIL18基因和H5亚型AIV HA1基因及其免疫原性［J］．中国兽医学报，2016，36（5）：712-717.

参考文献

陈化兰，马文军，于康震，等．2000．表达禽流感病毒血凝素基因的重组禽痘病毒的构建［J］．中国农业科学，39（5）：86-90．

陈化兰，于康震，田国斌，等．1998．DNA 免疫诱导鸡对禽流感病毒的免疫保护反应［J］．中国农业科学，31（5）：63-68．

陈全姣，金梅林，陈焕春．2004．禽流感疫苗研究进展［J］．中国生物工程杂志，24（4）：34-38．

陈湘琦，林挺岩．2005．白细胞介素 18 研究进展［J］．Journal of Chinese Physician，7（7）：1 004-1 005．

董晓燕，史晋辉，孙彦．2002．人工伴侣和盐酸胍促进溶菌酶复性的协同效应［J］．化工学报，53（6）：590-594．

窦永喜，景志忠，才学鹏．2005．细胞因子及其应用的研究进展［J］．中国兽医科技，35（3）：233-238．

方敏，黄华．2001．包涵体蛋白体外复性的研究进展［J］．生物工程学报，17（6）：608-612．

费聿锋，钱建飞，凌雯，等．2004．重组鸡 IL-2 增强鸡四联灭活苗免疫效果的研究［J］．畜牧兽医，36（4）：9-11．

高炳淼，李宝珠，于津鹏，等．2011．外源基因在昆虫杆状病毒表达系统中的表达［J］．中国生物工程杂志，31（11）：123-129．

韩宗玺，刘胜旺，孔宪刚，等. 2004. 鸡白细胞介素 18 成熟蛋白在昆虫细胞/杆状病毒系统中的表达 [J]. 中国生物工程杂志，24（4）：59-62.

郝牧，鲍朗，高蕾. 2007. 人 IL-12 与结核分枝杆菌抗原 ESAT-6 联合基因疫苗的免疫效果观察 [J]. 微生物学报，47（3）：477-481.

胡敬东，崔治中，范伟兴，等. 2004. 鸡白细胞介素 18 成熟蛋白全长基因的克隆与序列测定 [J]. 中国兽医学报，24（2）：119-121.

胡敬东，崔治中，赵宏坤. 2005. 鸡 IL-18 cDNA 的克隆及在大肠杆菌中的高效表达 [J]. 畜牧兽医学报，36（3）：264-268.

纪剑飞，张成刚. 1998. 包涵体重组蛋白的纯化及复性 [J]. 沈阳药科大学学报，15（4）：303-306.

纪丽丽，王玉艳，王纯净，等. 2005. 白细胞介素-18 极其生物学作用 [J]. 黑龙江畜牧兽医，12：76-78.

江文正，金宁一，李子健. 2004. 共表达 HIV1 中国流行株 gp120 与 IL 18 重组鸡痘病毒的构建及其免疫原性观察 [J]. 生物工程学报，20（3）：338-341.

金红，李祥瑞，于康震. 1998. 重组牛白细胞介素-2 生物活性单位的测定及其理化性质的分析 [J]. 中国畜禽传染病，20（2），79-82.

卡尔尼克 BW. 1997. 禽病学 [M]. 高福，刘文军，译. 北京：中国农业出版社，914-938.

李宏梅，胡敬东，马凤龙，等. 2007. 鸡白细胞介素-18（ChIL-18）重组蛋白的生物学活性检测 [J]. 农业生物技术学报，15（1）：5-10.

李祥瑞，徐立新，赵星灿，等. 1996. 以 MTT 比色法检测鸡

脾淋巴细胞转化效果 [J]. 畜牧兽医, 28 (1): 3-5.
刘国诠 . 2003. 生物工程下游技术 [M]. 北京: 化学工业出版社, 74.
刘红梅, 秦爱建, 许小琴, 等 . 2006. 传染性法氏囊病病毒 JS 株 vp2 基因真核表达载体的构建及其应用 [J]. 中国预防兽医学报, 28 (4): 461-465.
卢觅佳, 于涟, 谢荣辉, 等 . 2004. 家蚕生物反应器表达传染性法氏囊病病毒多聚蛋白的免疫原性研究 [J]. 浙江大学学报 (农业与生命科学版), 30 (5): 545-552.
宁云山, 李妍, 王小宁 . 2001. 包含体蛋白质的复性研究进展 [J]. 生物技术通讯, 12 (3): 237-240.
欧阳伟, 王永山, 张海彬, 等 . 2009. 传染性法氏囊病安徽近期毒株 VP2 基因在昆虫细胞中的表达 [J]. 中国预防兽医学报, 31 (8): 587-591.
裴建武, 郭玉璞, 周顺伍, 等 . 1996. 传染性法氏囊炎基因工程疫苗研究进展 [C]. 中国畜牧兽医学会 . 第十届全国会员代表大会暨学术年会论文集 . 北京: 中国畜牧兽医学会: 35-41.
彭广能, 耿长国, 何春燕, 等 . 2010. 表达虎源 H5N1 亚型禽流感病毒 NP 蛋白重组犬 2 型腺病毒的构建及鉴定 [J]. 中国兽医学报, 30 (12): 1 623-1 628.
祁小乐, 王笑梅, 高玉龙, 等 . 2008. 鸡传染性法氏囊病病毒 Vp2 蛋白研究进展 [J]. 中国预防兽医学报, 30 (8): 656-660.
师文娟, 邵丁丁, 钟翔, 等 . 2010. 人 II 型 CD74 基因胞外片段在昆虫细胞中的表达 [J]. 基础医学与临床, 30 (6): 598-602.
王 君, 杨君秋, 刘 铮等 . 2005. 表面活性剂辅助重组蛋白质

复性 [J]. 化工学报, 56 (7): 1 288-1 294.

王君 . 2004. 表面活性剂辅助蛋白质复性过程机理研究 [D]. 北京: 清华大学.

王文, 陈红, 谭文杰, 等 . 2010. 表达人高致病性禽流感病毒 H5N1 (安徽株) 结构基因的 DNA 疫苗在小鼠中诱导的免疫应答分析 [J]. 病毒学报, 26 (3): 170-175.

王宪文, 刘兴友, 王岩, 等 . 2008. 鸡白细胞介素 18 研究进展 [J]. 安徽农业科学, 36 (16): 6 776-6 777.

温纳相, 黄青云, 陈荣光, 等 . 2005. 鸡 IL 18 基因重组真核表达载体的构建及其表达产物的生物学活性 [J]. 中国兽医科技, 35 (7): 547-550.

颜真, 张英起, 王俊楼 . 1999. 热休克蛋白 CpkB 对 nrhTNF 体外复性的促进作用 [J]. 第四军医大学学报, 20 (8): 608-611.

杨松涛, 高玉伟, 王承宇 . 2006. 虎源 H5N1 亚型禽流感病毒感染小鼠模型的建立 [J]. 中国病毒学, 21 (4): 353-357.

杨晓仪, 林键, 吴文言 . 2004. 重组蛋自包涵体的复性研究 [J]. 生命科学研究, 8 (2): 100-104.

于涟, 宋坤华, 张耀洲, 等 . 2000. 家蚕表达传染性法氏囊病病毒 VP2 蛋白的免疫原性研究 [J]. 浙江大学学报 (农业与生命科学版), 26 (1): 9-16.

张勇, 任战军, 张淑侠, 等 . 2008. 非洲鸵鸟感染 H9 亚型禽流感病毒的诊断及防治 [J]. 养禽与禽病防治, 6: 42-43.

赵丽, 崔保安, 陈红英 . 2006. 白细胞介素 18 研究进展 [J]. 动物医学进展, 27 (10): 108-111.

赵荣乐, 郑光宇 . 2002. 禽流感与禽流感病毒研究进展 [J].

生物学通报，39（4）：12.

Akita，K.，Ohtsuki，T.，Nukada，Y.，et al. 1997. Involvement of caspase-1 and caspase-3 in the production and processingof mature human interleukin 18 in monocytic THP. 1 cells［J］. J. Biol. Chem.，272：26 595-26 603.

Alexander D. J. 2000. A review of avian influenza in different bird species［J］. Vet Microbiol，74：3-13.

Altamirano M，GolbiK R，Zahn R et al. 1997. Refolding chromatography with immobi- lized mini2 chaperones［J］. Proc Natl Acad Sci USA，94：3 576.

Arulkanthan A.，Brown W. C.，McGuire TC.，et al. 1999. Biased immunoglobulin G1 isotype responses induced in cattle with DNA expressing mspla of Anaplasma marginale［J］. Infect Immun，67：3 481-3 487.

Azad A. A.，Fahey K. J.，Barrett S. A.，et al. 1986. Expression in Escherichia coli of cDNA fragments encoding the gene for the host-protective antigen of infectious bursal disease virus［J］. Virology，149（2）：190-198.

Barbazan P.，Thitithanyanont A.，Misse D.，et al. 2008. Detection of H5N1 Avian Influenza Virus from Mosquitoes Collected in an Infected Poultry Farm in Thailand［J］. Vector Borne Zoonotic Dis，8（1）：105-109.

Bayliss C. D.，Peters R. W.，Cook J. K.，et al. 1991. A recombinant fowlpox virus that expresses the VP2 antigen of infectious bursal disease virus induces protection against mortality caused by the virus［J］. Arch Virol，120：193-205.

Bayliss C. D.，Spies U，Shaw K，et al. 1990. A comparison of

the sequences of segment A of four infectious bursal disease virus strains and identification of a variable region in VP2 [J]. Gen Virol, 71: 1 303-1 312.

Bazan J. F., Timans J. C., Kastelein R. A. 1996. A newly defined interleukin-1 [J]. Nature, 379: 591-593.

Belshe R. B. 2005. The origins of pandemic influenza—lessons from the 1918 virus [J]. N. Engl. J. Med., 353: 2 209-2 211.

Berg T. P., Gonze M., Meulemans. G. 1991. Acute infectious bursal disease in poultry: Isolation and characterisation of a highly virulent strain [J]. Avian Pathol, 20 (1): 133-143.

Birghan C., Mundt E., Gorbalenya A. E. 2000. A non - canonical Lon proteinase deficient of the ATPase domain employs the Ser-Lys catalytic dyad to impose broad control over the life cycle of a double-stranded RNA virus [J]. EMBO, 19: 114-123.

Bossu P., Neumann D., Del Giudice E. 2003. IL - 18 cDNA vaccination protects mice from spontaneous lupus-like autoimmune disease [J]. Proc Natl Acad Sci USA, 100 (24): 14 181-14 186.

Brankston G., Gitterman L., Hirji Z., et al. 2007. Transmission of influenza A in human beings [J]. Lancet. Infect. Dis., 7: 257-265.

Brown F. 1984. The classification and nomenclature of viruses: summary of results of meetings of the International Committee on Taxonomy of Viruses in Sendai [J]. Intervirology, 25 (9): 141-143.

Brown I. H. , Banks J. , Manvell R. J. , et al. 2006. Recent epidemiology and ecology of influenza A viruses in avian species in Europe and the Middle East [J]. Dev Biol, 124: 45-50.

Brown L. E. , Kelso A. 2009. Prospects for an influenza vaccine that induces cross-protective cytotoxic T lymphocytes [J]. Immunol Cell Biol, 87: 300-308.

Brun A. , Albina E. , Barret T. , et al. 2008. Antigen delivery systems for veterinary vaccine development: Viral-vector based delivery systems [J]. Vaccine, 26 (51): 6 508-6 528.

Calnek B. W. , Gao F, Su J. L. 1999. translation. Diseases of Poultry. 10th ed. Beijing: China Agriculture Press: 914-937.

Cavazzana-Calvo M. , Hacein-Bey-Abina S. , de Saint Basile G. , et al. 2002. Genetherapy of human severe combined immunodeficiency (SCID) -X1 disease [J]. Science, 288: 669-672.

Chang J. T. , Segal B. M. , Nakanishi K. 2000. The costimulatory effect of IL-18 on the induction of antigen-specific IFN-γproduction by resting T cells is IL-12 dependent and is mediated by up-regulation of the IL-12 receptor β2 subunit. Eur [J]. Immunol, 30: 1 113.

Chang, H. C. , Lin, T. L. , Wu, C. C. 2001. DNA-mediated vaccination against infectious bursal disease in chickens [J]. Vaccine, 20, 328-335.

Chang, H. C. , Lin, T. L. , Wu, C. C. 2003. DNA vaccination with plasmids containing various fragments of large segment genome of infectious bursal disease virus [J]. Vaccine, 21, 507-513.

Chen M. W. , Cheng T. J. , Huang Y. , et al. 2008. A consensus-hemagglutinin-based DNA vaccine t hat protects mice against divergent H5N1 influenza [J]. Proc Natl Acad Sci USA, 105 (36): 13 538-13 543.

Chettle N. , Stuart J. C. , Wyeth P. J. 1989. Outbreak of virulent infectious bursal disease in East Anglia [J]. Vet Rec, 125 (10): 271-272.

Choi Y. K. , Ozaki H. , Webby R. J. , et al. 2004. Continuing evolution of H9N2 influenza viruses in southeastern China [J]. J Virol, 78: 8 609-8 614.

Chothia C, Finkelstein A V. 1990. The classification and origins of protein folding pattems [J]. Ann Rev Biochem, 59: 1 007.

Claas E. C. , de Jong J. C. , van Beek R. 1998. Links Human influenza virus A/Hong Kong/156/97 (H5N1) infection [J]. Vaccine, (16): 977-88.

Conti, B. , Jahng, J. W. , Tinti, C. , et al. 1997. Induction of interferon - gamma inducing factor in the adrenal cortex [J]. J Biol Chem. , 272: 2 035-2 037.

Cosgrone A. S. 1962. An apparentlv new disease of chicken-avian nephritis [J]. Avian Diseases, 6: 385-389.

Cowley D T, Mackin R B. 1997. Expression, purification and characterization of recombinant human proinsulin [J]. FEBS-Lett, 402: 124.

Cui X. , Nagesha H. S. , Holmes I. H. 2003. Mapping of conformational epitopes on capsid protein VP2 of infectious bursal disease virus by fd-tet phage display [J]. J Virol Methods, 114 (1): 109-112.

David L. Suarez. 2005. Overview of avian influenza DIVA test strategies [J]. Biologicals, 33 (4): 221-226.

De Bernardez C E. 1998. Refolding of recombinant proteins [J]. Curr Opin Biot., 9: 157.

Degen W. G., van Zuilekom H. I., Scholtes N. C. 2005. Potentiation of humoral immune responses to vaccine antigens by recombinant chicken IL-18 (rChIL-18) [J]. Vaccine, 23 (33): 4 212-4 218.

Dinarello C., Novick D., Puren A. J., et al. 2003. Overview of interleukin-18: more than an interferon-gamma inducing factor [J]. LeukocBio, 63 (6): 658-664.

Dinarello C. A. 1998. Interleukin-1 beta interleukin-18 and the interleukin-1 beta converting Enzyme [J]. Ann N Y Acad Sci., 856: 1-11.

Dolz R., Majo N., Ordonez G., et al. 2005. Viral genotyping of infectious bursal disease viruses isolated from the 2002 acute outbreak in Spain and comparison with previous isolates [J]. Avian Dis, 49 (3): 332-339.

Dybing J. K., Jackwood D. J. 1996. Expression of MD infectious bursal disease ins in baculovirus [J] Avian Dis., 40: 617-626.

Eterradossi, N., Saif, Y. M. et al. Infectious Bursal Disease. 12th edition [J]. Blackwell Publishing, Ames, IA, USA: 185-208.

Fahey K. J., Erny K., Crooks J. 1989. A conformational immunogen on VP2 of infectious bursal disease virus that induces virusneutralizing antibodies that passively protect chickens [J]. J Gen Virol, 70 (6): 1 473-1 481.

Fantuzzi G. , Puren A. J. , Harding M. W. , et al. 1998. Interleukin-18 regulation of interferon gamma production and cell proliferation as shown in interleukin-1beta-converting enzyme (caspase-1) -deficient mice [J]. Blood, 91: 2 118-2 125.

Fisher B, Sumner I, Goodenough P. 1993. Isolation, renaturation, and formation of disulfide bonds of eukaryotic proteins expressed in Escherichia Coli as inclusion body [J]. Bio technol Bioeng, 41: 3.

Fodor I. , Horvath E. , Fodor N. , et al. 1999. Induction of protective immunity in chickens immunized with plasmid DNA encoding infectious bursal disease virus antigens [J]. Acta Vet Hung, 47 (4): 481-492.

Fouchier R. A. M. , Schneeberger P. M. , Rozendaal F. W. , et al. 2004. Avian influenza A virus (H7N7) associated with human conjunctivitis and a fatal case of acute respiratory distress syndrome [J]. PNAS, 101: 1 356-1 361.

French, T. J. , Roy, P. , 1990. Synthesis of bluetongue virus (BTV) corelike particles by a recombinant baculovirus expressing the two major structural core protein of BTV [J]. Virol. 64, 1 530-1 536.

Gambotto A. , BarrattBoyes S. M. , de Jong M. D. et al. 2008. Human infection with highly pathogenic H5N1 influenza virus [J]. Lancet, 371 (9622): 1 464-1 475.

Gatehouse L. N. , Markwick N. P. , Poilton J. , et al. 2008. Expression of two heterologous proteins depends on the mode of expression comparison of in vivo and in vitro method [J]. Biosyst Eng, 31 (5): 469-475.

Ghayur T. , Banerjee S. , Hugnin M. , et al. 1997. Caspase-1 processes IFN-gamma- inducing factor and regulates LPS-induced IFN-gamma production [J]. Nature, 386: 619-623.

Gilbert M. , Xiao X. , Chaitaweesub P. , et al. 2007. Avian influenza, domestic ducks and rice agriculture in Thailand [J]. Agric Ecosyst Environ, 119: 409-415.

Gobel T. W. , Schneider K. , Schaerer B. , et al. 2003. IL-18 stimulates the pro- liferation and IFN-g Release of $CD4^+$ T Cells in the Chicken: Conservation of a Th1-Like System in a Nonmammalian Species [J]. The Journal of Immu- nology, 171: 1 809-1 815.

Gracie J. A. , Robertson S. E. , McInnes L. B. 2003. Interleukin-18 [J]. Leukocyte Biology, 73: 213-224.

Greene C. M. , Meachery G, Taggart C. C. , et al. 2000. Role of IL-1 in CD4 T lym- phocyte activation in Sarcoidosis [J]. Immunol, 165: 4 718.

Gribskov M, Burgess R R. 1983. Over expression and purification of the sigma subunit of Escherichia coli RNA polymerase [J]. Gene, 26: 109

Gu Y. , Kuida K. , Tsutsui H. , et al. 1997. Activation of interferon-gamma inducing factor mediated by interleukin-1beta converting enzyme [J]. Science, 275: 206-209.

Guo Y. J. , Krauss S. , Senne D. A. , et al. 2000. Characterization of the pathogenicity of members of the newly established H9N2 influenza virus lineages in Asia [J]. Virol, 267: 279-288.

Harder T. C. , Teuffert J. , Starick E. , et al. 2009. Phylogenetic and epidemiologic evidence for limited spread of

highly pathogenic avian influenza virus H5N1 by deep-freeze duck carcasses in Germany in 2007 [J]. Emerg. Inf. Dis., 15: 272-279.

Heilie L. P., Particle A. B. 1995. Expression of Influenza Virus Hemagglutinin Activates Transcription Factor NF-kB [J]. Journal of Virology, 69 (3): 1 480-1 484.

Heine H. G., Hariton M., Failla P., et al. 1991. Sequence analysis and expression of the host-protective immunogen VP2 of a variant strain of infectious bursal disease virus which can circumvent vaccination with standard type I strains [J]. Gen Virol, 72 (8): 1 835-1 843.

Henke A., Rohland N., Zell R. 2006. Co-expression of interleukin-2 by a bicistronic plasmid increases the efficacy of DNA immunization to prevent influenza virus infections [J]. Intervirology, 49: 249-252.

HenkeA., Rohland N., Zell R., et al. 2006. Coexpression of interleukin-2 by a bicistronic plasmid increases the efficacy of DNA immunization to prevent influenza virus infections [J]. Intervirology, 49: 249-252.

Hevchan P L, Clark ED B. 1997. Oxidative renatnration of Lysozyme at high concentration [J]. Biotechnol Bioeng, 54: 221-230.

Hinshaw V. S. 1979. Water-borne transmission of avian influenza viruses [J]. Intervirol, 11: 66-68.

Hitchner S. B. 1970. Infectivity of infectious bursal disease virus for embroynating eggs [J]. Poultry Science, 49: 511-516.

Hoshino T., Wiltrout R. H., Young H. A. 1999. IL-18 is a potent coinducer of IL-13 in NK and T cells: a new potential

role for IL-18 in modulating the immune response [J]. Immunol, 162: 5 070-5 077.

Hu Y. C., Luo Y. L., Ji W. T., et al. 2006. Dual expression of the HA protein of H5N2 avian influenza virus in a baculovirus system [J]. Virol Methods, 135 (1): 43-48.

Hulse-Post D. J., Sturm-Ramirez K. M., Humber J., et al. 2005. Role of domestic ducks in the propagation and biological evolution of highly pathogenic H5N1 influenza viruses in Asia [J]. Proc Natl Acad Sci, 102 (30): 10 682-10 687.

Iinuma H., Okinaga K., Fukushima R. 2006. Superior protective and the rapeutic effects of IL-12 and IL-18 gene-transduced dendritic neuroblastoma fusion cells on liver metastasis of murine neuroblastoma [J]. Immunol, 176 (6): 3 461-3 469.

Itamura S., Morikawa Y., Shida H., et al. 1990. Biological and immunological characterization of influenza virus haemagglutinin expressed from the haemagglutinin locus of vaccinia virus [J]. Journal of General Virology, 71: 1 293-1 301.

Jackwood, D. J., Sommer, S. E., Knoblich, H. V. 2001. Amino Acid comparison of infectious bursal disease viruses placed in the same or differentmolecular groups by RT/PCR-RFLP [J]. Avian Dis, 45, 330-339.

Jackwood, D. J., Sommer-Wagner, S. E. 2005. Molecular epidemiology of infectious bursal disease viruses: distribution and genetic analysis of newly emerging viruses in the United States [J]. Avian Dis., 49, 220-226.

Jackwood, D. J., Sreedevi, B., LeFever, L. J. 2008. Studies on naturally occurring infectious bursal disease viruses suggest that a single amino acid substitution at position 253 in VP2 increases pathogenicity [J]. Virology, 377: 110–116.

Johansson B. E. , Matthews J. T. 1998. Kilbourne E. D. Supplementation of conventional influenza A vaccine with purified viral neraminidase results in a balance and broadened immune response [J]. Vaccine, 16: 1 009–1 015.

Johansson B. E. 1999. Immunization with influenza a virus hemagglutinin and neuraminidase produced in recombinant baculovirus results in a balanced and broadened response superior to conventional vaccine [J]. Vaccine, 17: 2 073–2 080.

Jun R. , Taozhen J. , Taipin C. , et al. 2007. Large–scale manufacture and use of recombinant VP2 vaccine against infectious bursal disease in chickens [J]. Vaccine, 25: 7 900–7 908.

Karen J. C. , Laura M. B. , David A. S. 2001. Mechanisms of cell entry by influenza virus [J]. Molecular Medicine, 1 462–3 994.

Karuppiah N, Sharma A. 1995. Cyclodextrins as protein folding aids [J]. Biochem Biophys Res Commun, 211 (1): 60–66.

Katz J. M. , Lu X. 2000. Pathogenesis of and immunity to avian influenza A H5 viruses [J]. Biomed Pharmacother, 54 (4): 178–187.

Kibenge F. S. , Dhillon A. S. , Russell R. G. 1988. Biochemistry and immunology of infectious bursal disease virus [J]. Gen Virol, 69 (Pt 8): 1 757–1 775.

Kim S. J. , Sung H. W. , Han J. H, et al. 2004. Protection against very virulentinfectious bursal disease virus in chickens immunized with DNA vaccines [J]. Vet Microbiol, 101

(1): 39-51.

Kim Y. M., Im J. Y., Han S. H., et al. 2000. IFN-gamma up-regulates IL-18 gene expression via IFN consensus sequence-binding protein and activator protein-1 elements in macrophages [J]. Immunol., 165 (6): 3 198-3 205.

Kodihalli S., Kobasa D. L., Webster R. G. 2000. Stratigies for inducing protection against avian influenza A virus subtypes with DNA vaccines [J]. Vaccine (8): 2 592-2 599.

Kohno K., Kataoka J., Ohtsuki T., et al. 1997. IFN-γ-inducing factor (IGIF) is a costimulatory factor on the activation of Th1 but not Th2 cells and exerts its effect independently of IL-12 [J]. Immunol, 158: 1 541-1 550.

Kuiken T., Rimmelzwaan G., van Riel D., et al. 2004. Avian H5N1 Influenza in Cats [J]. Science, 306: 241.

Kumar S., Ahi Y. S., Salunkhe S. S., et al. 2009. Effective protection by high efficiency bicist ronic DNA vaccine against infectious bursal disease virus expressing VP2 protein and chicken IL-2 [J]. Vaccine, 27 (6): 864-869.

Laddy D. J., Weiner D. B. 2006. From plasmids to protection: a review of DNA vaccines against infectious diseases [J]. Int Rev Immunol., 25 (3-4): 99-123.

Lee Y. J., Shin J. Y., Song M. S., et al. 2006. Continuing evolution of H9 influenza viruses in Korean poultry [J]. Virol, 359: 313-323.

Letzel T., Coulibaly F., Rey, F. A., et al. 2007. Molecular and structural bases for the antigenicity of VP2 of infectious bursal disease virus [J]. Virol., 81: 12 827-12 835.

Li C., Yu K., Tian G., et al. 2005. Evolution of H9N2 influenza viruses from domestic poultry in Mainland China [J]. Virol, 40: 70-83.

Li K. S. , Xu K. M. , Peiris J. S. , et al. 2003. Characterization of H9 subtype influenza viruses from the ducks of southern China: a candidate for the next influenza pandemic in humans [J]. J Virol, 77: 6 988-6 994.

Liu H. , Liu X. , Cheng J. , et al. 2003. Phylogenetic analysis of the hemagglutinin genes of twenty-six avian influenza viruses of subtype H9N2 isolated from chickens in China during 1996-2001 [J]. Avian Dis, 47: 116-127.

Liu M. A. , Ulmer J. B. 2005. Human clinical trials of plasmid DNA vaccines [J]. Adv Genet, 55: 25-40.

Lombardo E. , Maraver A. , Espinosa I. , et al. 2000. VP5, the nonstructural polypeptide of infectious bursal disease virus, accumulates within the host plasma membrane and Induces cell lysis [J]. Virology, 277 (2): 345-357.

Lorey S. L. , Huang Y. C. , SHARMA V. , et al. 2004. Constitutive expression of Interleukin-18 and Interleukin-18 receptor mRNA in tumour derived human B-cell lines [J]. Clin Exp Immunol. , 136 (3): 456-462.

Lowen A. C. , Mubareka S. , Tumpey T. M. , et al. 2006. The guinea pig as a transmission model for human influenza viruses [J]. Proc Natl Acad Sci, 103 (26): 9 988-9 992.

Ma M. X. , Jin N. Y. , Wang Z. G. , et al. 2006. Construction and immunogenicity of recombinant fowlpox vaccines coexpressing HA of AIV H5N1 and chicken IL18 [J]. Vaccine, 24: 4 304-4 311.

Machidas, Yu Y, Singh S P, et al. 1998. Overproduction of

glycosidaseinac tive form by an Escherichia coli system coexpressing the chaperonin GroEL/ES [J]. FEMS Microbiol Lett, 159: 41.

Macreadie I. G., Vaugham P. R., Chapman A. J., et al. 1990. Passive protection against infectious bursal disease virus by viral VP2 expressed in yeast [J]. Vaccine, 8 (6): 549-552.

Mahmood, M. S., Hussain, I., Siddique, M., et al. 2006. DNA vaccination with VP2 gene of very virulent infectious bursal disease virus (vvIBDV) delivered by transgenic E. coli DH5alpha given orally confers protective immune responses in chickens against infectious diseases [J]. Int Rev Immunol., 25 (3-4): 99-123.

MakridesS C. 1996. Strategies for achieving high level expression of genes Escherichia coli [J]. Microbiol Rev., 60: 512.

Mardassi H., Khabouchi N., Ghram A., et al. 2004. A very virulent genotype of infectious bursal disease virus predominantly associated with recurrent infectious bursal disease outbreaks in Tunisian vaccinated flocks [J]. Avian Dis, 48 (4): 829-840.

Marshall D. J., Rudnick K. A., McCarthy S. G. 2006. Interleukin-18 enhances Th1 immunity and tumor protection of a DNA vaccine [J]. Vaccine, 24 (3): 244-253.

Martinez J. L., Lazaro B., Rodriguez J. F., Casal J. I. 2000. Antigenic properties and diagnostic potential of bacuovirus-expressed infectious bural disease virus proteins VPX and VP3 [J]. Clin Diagn Lab Immunol, 7: 645-651.

Melnikov V. Y., Ecder T., Fantuzzi G., et al. 2001. Impaired

IL-18 processing protects caspase-1-deficient mice from ischemic acute renal failure [J]. Clin. Invest, 107: 1 145-1 152.

Micallef M. J., Ohtsuki T., Kohno K., et al. 1996. Interferon-γinducing factor enhances T helper 1 cytokine production by stimulated human T cells: synergism with interleukin-12 for interferon-γ production [J]. Eur J Immunol, 7: 571-581.

Mukhopadhyay Q. 1997. Inclusion bodies and purification of protein in biologically active forms [J]. Adv Bio chem. Eng Biotechnol., 56: 61.

Muller H., Islam M. R., Raue R. 2003. Research on infectious bursal disease-the past, the present and the future [J]. Vet Microbiol, 97 (1-2): 153-165.

Nagata T., Ishikawa S., Shimokawa E. et al. 2002. High level expression and purification of bioactive bovine interleukin-18 using a baculovirus system [J]. Veterinary Immunology and Immunopathology, 87: 65-72.

Nakanishi K., Yoshimoto T., Tsutsui H. 2001. Interleukin-18 is a unique cytokine that stimulates both Th1 and Th2 responses depending on its cytokine milieu [J]. Cytokine Growth Factor Rev., 12: 53-72.

Nicholls J. M., Chan M. C., Chan W. Y., et al. 2007. Tropism of avian influenza A (H5N1) in the upper and lower respiratory tract [J]. Nat. Med., 13 (2): 147-149.

Ohuchi M., Cramer A., Vey M., et al. 1994. Rescue of Vector-Expressed Fowl Plague Virus Hemagglutinin in Biologically Active Form by Acidotropic Agents and Coexpressed M2 Protein [J]. Journal of Virology, 68 (2): 920-926.

Okamura H., Nagata K., Komatsu T., et al. 1995. A novel costimulatory factor for gamma-interferon found in the lives of mice causes endotoxic shock [J]. Infect Immun, 63: 3 966-3 972.

Okamura H., Tsutsui H., Kashiwamura S., et al. 1998. Interleukin-18 a novel cytokine that augments both innate and acquired immunity [J]. Adv Immunol, 70: 281-312.

Okamura H., Tsutsui H., Komatsu T., et al. 1995. Cloning of a new cytokine that induces IFN-γ production by T cells [J]. Nature, 378 (11): 88-91.

Okmura H., Kawaguchi K., Shoji K., et al. 1982. High-level induction of γ- interferon with various mitogens in mice preteated with propio- nibacterium acnes [J]. Infect Immun, 38: 440.

Ong W. T., Omar A. R., Ideris A., et al. 2007. Development of a multiplex real-time PCR assay using SYBR Green 1 chemistry for simultaneous detection and subtyping of H9N2 influenza virus type A [J]. J Virol Methods, 144: 57-64.

O' Hagan D. T., Valiante N. M. 2003. Recent advances in the discovery and delivery of vaccine adjuvants [J]. Nat Rev, 2: 727-735.

Patel A., Tran K., Gray M., et al. 2009. Evaluation of conserved and variable influenza antigens for immunization aginst different isolates o f H5N1 viruses [J]. Vaccine, 27: 3 083-3 089.

Pathology of Fatal Highly Pathogenic H5N1 Avian Influenza Virus Infection in Large - billed Crows (Corvus macrorhynchos) during the 2004 Outbreak in Japan [J]. Vet

Pathol 4, 2006, 3: 500-501.

Pavlova B., Volf J., Alexa P., et al. 2008. Cytokine mRNA expression in porcine cell lines stimulated by enterotoxigenic *Escherichia coli* [J]. Veterinary Microbiology, 132: 105-110.

Peiris J. S. M., de Jong M. D., Guan, Y. 2007. Avian Influenza virus (H5N1): a threat to human health [J]. Clin. Microbiol. Rev., 20 (2): 243-267.

Pensaert M., Ottis K., Vandeputte J., et al. 1981. Evidence for the natural transmission of influenza A virus from wild ducks to swine and its potential importance for man [J]. Bull World Health Organ, 59 (1): 75-78.

Pereda A. J., Uhart M., Perez A. A., et al. 2008. Avian influenza virus isolated in wild waterfowl in Argentina: Evidence of a potentially unique phylogenetic lineage in South America [J]. Virol, 378 (2): 363-370.

Pirhonen, J., Sareneva, T., Kurimoto, M., et al. 1999. Virus infection activates IL-1 beta and IL-18 production in human macrophages by a caspase-1-dependent pathway [J]. J. Immunol., 162: 7 322-7 329.

Pitcovski J., Gutter B., Gallili G., et al. 2003. Development and large-scale use of recombinant VP2 vaccinefor the prevention of infectious bursal disease of chickens [J]. Vaccine, 21: 4 736-4 743.

Puren A. J., Fantuzzi G., Dinarello C. A. 1999. Gene expression synthesis and secretion of interleukin-18 and interleukin-1 beta are differentially regulated in human blood mononuclear cells and mouse spleen cells [J]. Immunology, 96: 2 256-

2 261.

Rao S., Kong W. P., Wei C. J., et al. 2008. Multivalent HA DNA vaccination protects against highly pathogenic H5N1 avian influenza infection in chickens and mice [J]. Plo S ONE, 3 (6): e2 432.

Rinder M., Lang V., Fuchs C., et al. 2007. Genetic evidence for multi-event imports of avian influenza virus A (H5N1) into Bavaria, Germany [J]. Vet. Diagn. Invest., 19: 279-282.

Rong J., Cheng T. P., Liu X. N et al. 2005. Development of recombinant VP2 vaccine for the prevention of infectious bursal disease of chickens [J]. Vaccine, 23: 4 844-4 851.

Rong J., Jiang T., Cheng T., et al. 2007. Large-scale manufacture and use of recombinant VP2 vaccine against infectious bursal disease in chickens [J]. Vaccine, 25: 7 900-7 908.

Rosalia M., Enrique R. B., Peter P., et al. 2002. Apical Budding of a Recombinant Influenza A Virus Expressing a Hemagglutinin Protein with a Basolateral Localization Signal [J]. Journal of Virology, 76 (7): 3 544-3 553.

Rothe H., Jenkins N. A., Copeland N. G., et al. 1997. Active stage of autoimmune diabetes is associated with the expression of a novel cytokine, IGIF, which is located near Idd2 [J]. Clin. Invest., 99: 469-474.

Rozema D, Gellman SH. 1996. Artificial chaperone-assisted refolding of denatured-reduced lysozyme: modulation of the competition between renaturation and aggregation [J]. Biochemistry, 35 (49): 15 760-15 771.

Rudolph R, Bohm G, Lilie H, et al. Folding proteins [A].

In：Creighton TE Eds. Protein Function A Practical Approach. 2nded New York：IRL press；57-99.

Schneider K，Puehler F，Baeubrle D，et al. 2000. cDNA cloning of biologically active chicken interleukin-18［C］. J Interferon Cytokine Res，1997，20：879-883

Rudolph R，Lilie H. 1996. In vitro folding of inclusion body proteins［J］. FASEBJ，10：49

Scarselli M.，Giuliani M. M，Adu - Bobie et al. 2005. The impact of genomics on vaccine design［J］. Trends Biotechnol，23：84-91.

Schneider K.，Puehler F.，Baeuerle D.，et al. 2000. cDNA cloning of biologically active chicken interleukin-18［C］. Journal of Interferon and Cytokine Research，20：879-883.

Schultz U.，Fitch W. M.，Ludwig S.，et al. 1991. Evolution o f pig influenza viruses［J］. Viro logy，183（1）：61-73.

Sekiyama A.，Ueda H.，Kashiwamura S. 2005. A cytokine translates a stress into medical science［J］. Journal of Medicine Invest，52（Suppl）：236-239.

Sene D. A.，Panigraphy B.，Kawaoka Y.，et al. 1996. Survey of hemaegglutinin（HA）cleavage site sequenceof H5 and H7 avian inflluenza virus amino acid sequence at the HA cleavage site asa marker of Pathogenicity Potential［J］. Avian Disease，40：425-437.

Shantba K.，Hideo G.，DaxwynL K.，et al. 1999. DNA vaccine encoding hemagglutinin protective immunity against HSN1 influenza virus infection in mice［J］. Journal of Virology，73（3）：2 094-2 098.

Shaw I.，Davison T. F. 2000. Protection from IBDV - induced

bursal damage by a recombinant fowlpox vaccine, fpIBD1, is dependent on the titre of challenge virus and chicken genotype [J]. Vaccine, 18 (28): 3 230-3 241.

Shi K. C., Guo X., Ge X. N., et al. 2010. Cytokine mRNA expression profiles in peripheral blood mononuclear cells from piglets experimentally co-infected with porcine reproductive and respiratory syndrome virus and porcine circovirus type 2 [J]. Veterinary Microbiology, 140: 155-160.

Shinya K., Ebina M., Yamada S., et al. 2006. Influenza virus receptors in the human airway [J]. Nature, 440: 435-436.

Shu Y., Yu H., Li D. 2006. Lethal avian influenza A (H5N1) infection in a pregnant woman in Anhui Province, China [J]. N Eng l J Med, 354 (13): 1 421-1 422.

Snyder D. B., Vakharia V. N., Mengel-Whereat S. A., et al. 1994. Active cross-protection induced by a recombinant baculovirus expressing chimeric infectious bursal disease virus structural proteins [J]. Avian Dis, 38 (4): 701-707.

Songserm T., Amonsin A., Jam-on R., et al. 2006. Fatal Avian Influenza A H5N1 in a Dog [J]. Emerg Infect Dis, 12 (11): 1 744-1 747.

Spackman E., Senne D. A., Davison S. 2003. Sequence analysis of recent H7 avian influenza viruses associated with three different outbreaks in commercial poultry in the United States [J]. Virol, 77: 13 399-13 402.

Spies U., Müller H., Becht H. 1989. Nucleotide sequence of infectious bursal disease virus segment A delineates two major open reading frames [J]. Nucleic Acids Res, 17 (19): 7 982.

Starick E., Beer M., Hoffmann B., et al. 2007. Phylogenetic analyses of highly pathogenic avianinfluenza virus isolates from Germany in 2006 and 2007 suggest at least three separate introductions of H5N1 virus [J]. Vet. Microbiol., 128: 243-252.

Stoll S., Jonuleit H., Schmitt E, et al. 1998. Production of functional IL-18 by different subtypes of murine and human dendritic cells (DC): DC-derived IL-18 enhances IL-12-dependent Th1 development [J]. Eur J Immunol., 28: 3 231-3 239.

Sturm-Ramirez K. M., Hulse-Post D. J., Govorkova E. A., et al. 2005. Are Ducks Contributing to the Endemicity of Highly Pathogenic H5N1 Influenza Virus in Asia [J]. J Virol, 79 (17): 11 269-11 279.

Subbarao K., Klimov A., Katz J., et al. 1998. Characterization of an avian influenza A (H5N1) virus isolated from a child with a fatal respiratory illness [J]. Science, 279: 393-396.

Subbarao K., Luke C. 2007. H5N1 viruses and vaccines [J]. PloS Pathog, 3 (3): e40.

Sugawara S., Uehara A., Nochi T. et al. 2001. Neutrophil proteinase 3-mediated induction of bioactive IL-18 secretion by human oral epithelial cells [J]. Immunol., 167: 6 568-6 575.

Swayne D. E., Garcia M., Beck J. R., et al. 2000. Protection against diverse highly pathogenic HS avian influenza virus in chickens immunized with a recombinant fowlpox vaccine containing an HS avian influenza hemagglutinin gene insert [J].

Vaccine, 18: 1 088-1 095.

Takehara, K., Nagata, T., Kiluma, R., et al. 2000. Expression of a bioactive bovine interleukin-12 using baculovirus [J]. Vet. Immunol. Immunopathol, 77: 15-25.

Tandon S, Horowitz P. 1988. The effects of laurylmaltoslde on thereactivation of several enzymes after treatment with guanidinium chloride [J]. Biochim Biophys Acta, 955: 19-25.

Tang M., Wang H., Zhou S., et al. 2008. Enhancement of the immunogenicity of an infectious bronchitis virus DNA vaccine by a bicistronic plasmid encoding nucleocapsid protein and interleukin-2 [J]. Virol Methods, 149 (1): 42-48.

Taniguchi M., Nagaoka K., Kunikata T., et al. 1997. Characterization of anti-human interleukin-18 (IL-18) / interferon-γ-inducing factor (IGIF) monoclonal antibodies and their application in the measurement of human IL-18 by ELISA [J]. Journal of Immunological Methods, 206 (5): 107-113.

Tayade C., Jaiswal T. N., Mishra S. C. 2006. l-Arginine stimulatesimmuneresponse in chickens immunized with intermediate plus strain of infectious bursal disease vaccine [J]. Vaccine, 24 (5): 552-560.

Tayade C., Koti M., Mishra S. C. 2006. l-Arginine stimulates intestinal intraepithelial lymphocyte functions and immune response in chickens orally immunized with live intermediate plus strain of infectious bursal disease vaccine [J]. Vaccine, 24 (26): 5 473-5 480.

Tellier R. 2006. Review of aerosol transmission of influenza A virus [J]. Emerg. Infect. Dis., 12: 1 657-1 662.

Thomas W. G. , Kirsten S. , Beatrice S. , et al. 2003. IL-18 stimulates the proliferation and IFN-γ release of CD4+ T cell in the chicken: conservation of a Th1-like system in a non-mammalian species [J]. Immunol, 171 (4): 1 809-1 815.

Thromas J G, Ayling A, Baneyx F M. 1997. Molecular chaperones, folding catalysts, and the recovery of active recombinant proteins from E. coli: To fold or to refold [J]. Appl Biochem Biotechnol, 66: 197.

Tsukamoto K. , Tanimura N. , Kakita S. , et al. 1995. Efficacy of three live vaccines against highly virulent infectious bursal disease virus in chickens with or without maternal antibodies [J]. Avian Dis, 39 (2): 218-229.

Tsutsui H. , Matsui K. , Kawada N. , et al. 1997. IL-18 accounts for both TNF-alpha and Fas ligand-mediated hepatotoxic pathways in endotoxin induced liver injury in mice [J]. Immunol, 159: 3 961-3 967.

Ushio S. , Namba M. , Okura T. , et al. 1996. cDNA cloning of the cDNA for human IFN-gamma-inducing factor, expression in Escherichia coli and studies on the biologic activities of the protein [J]. Immuno. , 156: 4 274-4 279.

Vakharia V. N. , Snyder D. B. , Lutticken D, et al. 1994. Active and passive protection again variant and classic Infectious bursal disease virus strains induced by baculovirus-expressed structural proteins [J]. Vaccine, 12 (5): 452-456.

Van den Berg T. P. 2000. Acute infectious bursal disease in poultry: a review [J]. Avian Pathol, 29 (3): 175-194.

Wack A., Rappuoli R. 2005. Vaccinology at the beginning of the 21st century [J]. Curr Opin Immunol, 17: 411-418.

Wang R., Epstein J., Baraceros F. M., et al. 2001. Induction of $CD4^+$ T celldependent CD8+ type 1 responses in humans by a malaria DNA vaccine [J]. PNAS (USA), 98: 10 817-10 822.

Wang Y. S., Fan H. J., Li Y., et al. 2007. Development of a multi-mimotope peptide as a vaccine immunogen for infectious bursal disease virus [J]. Vaccine, 25 (22): 4 447-4 455.

Weber S., Harder T., Starick E., et al. 2007. Molecular analysis of highly pathogenic avian influenza virus of subtype H5N1 isolated from wild birds and mammals in northern Germany [J]. Gen. Virol., 88: 554-558.

Webster R. G., Taylor J., Pearson J., et al. 1996. Immunity to Mexican H5N2 avian influenza viruses induced by a fowl pox2H5 recombinant [J]. Avian Dis., 40: 461-465.

Wheeler R. D., Brough D., Le Feuvre R. A., et al. 2003. Interleukin-18 induces expression and release of cytokines from murine glial cells: interactions with interleukin-1 beta [J]. Neurochem., 85: 1 412-1 420.

Wienhold D., Armengol E., Marquardt A. 2005. Immunomodulatory effect of plasmids co-expressing cytokines in classical swine fever virus subunit gp55/E2-DNA vaccination [J]. Vet Res., 36 (4): 571-587.

Winfried G. J., Hanneke I. V., Nicolette C. S. et al. 2005. Potentiation of humoral immune responses to vaccine antigens by recombinant chicken IL-18 (rChIL-18) [J]. Vaccine, 23: 4 212-4 218.

Winterfield R. W. , Appleton G. S. 1962. Avian nephrosis, nephritis and Gumboro disease [J]. L&M News and Views, 3: 103.

Wood G. W. , Mclauley J. , Bas W. E. , et al. 1993. Deduced amino acid sequences cleavage site of avian influenza A virus of HS and H7 at the haemagglutinin subypes [J]. Archive Virology, 130: 209-213.

World Health Organization (WHO). Review of latest available evidence on potential transmission of avian influenza (H5N1) through water and sewage and ways to reduce the risks to human health. Water, sanitation and health, public health and environment, Geneva 2006, Last updated 10/10/2007.

Xavier S. , Peter V. , Wim M. , et al. 1999. Protection of mice against a lethal influenza virus challenge after immunization with yeast - derived secreted influenza virus hemagglutinin [J]. Eur. J. Biochem, 260: 166-175.

Xie Y, Wetlaufer D B. 1996. Control of aggregation in protein folding. Protein Sci, 5: 517.

Xing Z. , Cardona C. J. , Li J. , et al. 2008. Modulation of the immune responses in chickens by low pathogenicity avian influenza virus H9N2 [J]. J Gen Virol, 89: 1 288-1 299.

Xu Q. , Song X. , Xu L. , et al. 2008. Vaccination of chickens with a chimeric DNA vaccine encoding Eimeria tenella TA4 and chicken IL-2 induces protective immunity against coccidiosis [J]. Vet Parasitol, 156 (324): 319-323.

Yamaguchi T. , Kasanga C. J. , Terasaki K. , et al. 2007. Nucleotide sequence analysis of VP2 hypervariable domain of infectious bursal disease virus detected in Japan from 1993 to

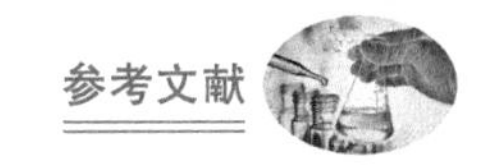

2004 [J]. Vet Med Sci, 69 (7): 733-738.

Yamaguchi T., Lwata K., Kobayashi M., et al. 1996. Epitope mapping of capsid proteins VP2 and VP3 of infectious bursal disease virus [J]. Arch Virol, 141 (8): 1 493-1 507.

Yoshimoto T., Takeda K., Tanaka T., et al. 1998. IL-12 up-regulates IL-18 receptor expression on T cells, Th1 cells, and B cells: synergism with IL-18 for IFN-gamma production [J]. Immunol., 161: 3 400-3 407.

Yoshimoto T., Tsutsui H., Tominaga K., et al. 1999. IL-18, although antiallergic when administered with IL-12, stimulates IL-4 and histamine release by basophils [J]. Proc. Natl. Acad. Sci. USA., 96: 13 962-13 966.

Yu X. M., Shou C. B., Zhang X. D., et al. 2008. Immunoenhancement on DNA vaccine of polyprotein gene in infectious bursal disease virus by co-delivery with plasmid encoding chicken interleukin-18 [J]. J. Zhejiang University, 34: 13-18.

符 号 说 明

Amp：Ampicillin，氨苄青霉素

BEVS：Baculovirus expression vector system，昆虫杆状病毒表达载体系统

bp：base pair，碱基对

ChIL-18：Chicken interleukin-18，鸡白细胞介素-18

CPE：cytopathic effect，细胞病变效应

DMEM：Dulbecco’s modified eagle’s medium，达尔伯克改良伊格尔培养液

DNA：Deoxyribonucleotide acid，脱氧核糖核酸

EB：ethidium bromide，溴化乙锭

E. coli：*Escherichia colibacterer*，大肠埃希氏杆菌

EDTA：Ethylene diaminetetra acetic acid，乙二胺四乙酸

ELISA：Enzyme linked immunosorbent assay，酶联免疫吸附实验

FBS：fetal calf serum，胎牛血清

FITC：fluorescein isothiocyanate，异硫氰酸荧光素

FMDV：foot and mouth disease virus，口蹄疫病毒

Gent：Gentamicin，庆大霉素

h：hour，小时

HRP：horseradish peroxidase，辣根过氧化物酶

IFA：Indirect fluencescreen assay，间接荧光抗体试验

IFN-γ：interferon，γ-干扰素

IL-18：interleukin-18，白细胞介素 18

IPTG：Isopropylthio-β-D-galactoside，异丙基硫代-β-D-硫代半乳糖苷

Kana：Kanamycin，卡那霉素

Kb：Kilo-basepair，千碱基对

KD：Kilo-dalton，千道尔顿

LB：Lauria broth，LB 肉汤

mAb：monoclonal antibody，单克隆抗体

mChIL-18：mature Chicken interleukin-18，鸡白细胞介素-18 成熟蛋白

min：minute，分钟

mg：milligram，毫克

mL：milliter，毫升

MTT：methythiazolyltetrazolium，四甲基偶氮唑盐

NK：natural killer cells，自然杀伤细胞

OD：optical density，光密度值

PCR：polymerase chain reaction，聚合酶链式反应

PBS：phosphate buffered saline，磷酸盐缓冲液

rpm：revolutions per minute，转/分

S：second，秒

SDS：sodium dodecyl sulfate，十二烷基磺酸钠

SDS-PAGE：SDS-Polyacrylamide gel electrophosisSDS-聚丙烯酰氨凝胶电泳

Tet：Tetracycline，四环素

TRITC：tetramethylrhodamine isothiocyanate，四甲基异硫氰酸罗丹明

U：Unit，单位

μg：microgram，微克

μL：microliter，微升

VSV：vesicular stomatitis virus，水疱性口炎病毒

X-gal：5-bromo-4-chloro-3-indolyl-β-D-galactoside，5-溴-4-氯-3-吲哚-β-D-半乳糖苷

附　　录

免疫器官的剖检对比

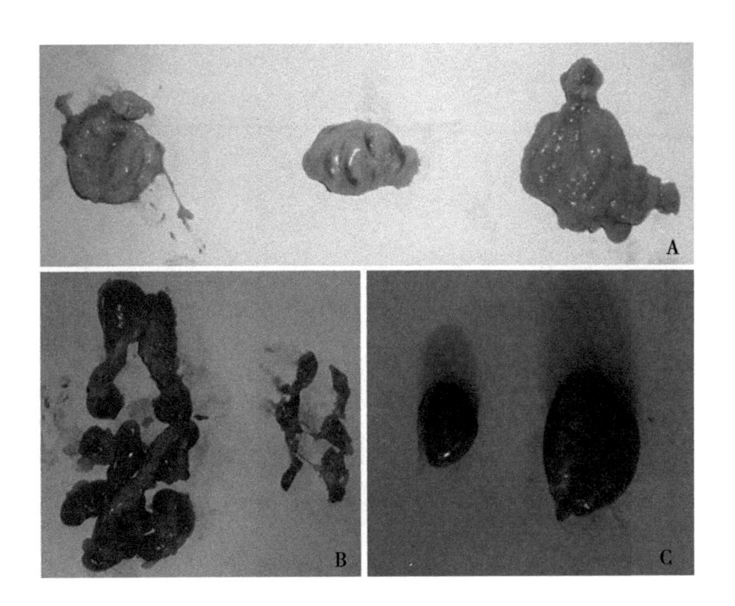